高等职业教育教材

SHIYOU JIAGONG
SHENGCHAN JISHU

石油加工生产技术

吴鹏超 ◎ 主　编
白风荣 ◎ 副主编

化学工业出版社
·北京·

内 容 简 介

《石油加工生产技术》结合石油加工工业技术发展、当前教学改革发展的需要及教材使用情况编写而成。

本书从原料到产品，以原油的一次加工、二次加工和三次加工为主线，系统地介绍了石油加工生产过程的基本知识和主要生产操作技术。主要内容包括石油及其产品的性质、原油评价与原油蒸馏、热加工过程、催化裂化、催化加氢、催化重整、石油气体的精制与分馏、高辛烷值组分的生产、燃料油品的精制与调和等。

本书可作为高职高专石油化工技术类专业教材，也可供石油加工相关企业培训参考。

图书在版编目（CIP）数据

石油加工生产技术 / 吴鹏超主编 ；白风荣副主编. 北京 ：化学工业出版社，2024. 7. --（高等职业教育教材）. -- ISBN 978-7-122-44753-1

Ⅰ. TE62

中国国家版本馆 CIP 数据核字第 202408X717 号

责任编辑：林 媛 提 岩　　文字编辑：毕梅芳 师明远
责任校对：王 静　　装帧设计：王晓宇

出版发行：化学工业出版社
（北京市东城区青年湖南街 13 号 邮政编码 100011）
印 装：北京科印技术咨询服务有限公司数码印刷分部
787mm×1092mm 1/16 印张 10½ 字数 244 千字
2025 年 1 月北京第 1 版第 1 次印刷

购书咨询：010-64518888　　售后服务：010-64518899
网 址：http://www.cip.com.cn
凡购买本书，如有缺损质量问题，本社销售中心负责调换。

定 价：32.00 元

前言
PREFACE

本书以培养面向生产、建设、服务和管理的一线高技能人才为目标，转变传统教育思想，重组课程体系，重点加强对学生实践技能及综合运用知识能力的培养。

为适应高职教育的改革要求，我们通过对化工企业所涉及的工作岗位进行调研分析，结合企业工程技术人员的宝贵经验，总结出石油化工生产各个工艺岗位应具备的知识及技能。本书以石油加工过程为主线，以岗位知识及技能为切入点，采用模块化设计，按照原油一次加工、二次加工、三次加工流程对教学内容进行整体布局。为适应信息化教学需求，从便于自学和教学的角度出发，开发了数字化资源，以二维码的形式融入教材，扫描二维码即可观看学习。

本书以党的二十大精神为引领，在讲授专业知识的同时，融入安全发展、清洁生产、节能减排等理念，培养学生的职业精神和职业素养，树立正确的世界观和价值观。

全书分为石油及其产品的性质、原油评价与原油蒸馏、热加工过程、催化裂化、催化加氢、催化重整、石油气体的精制与分馏、高辛烷值组分的生产、燃料油品的精制与调和九个模块。在每个模块中设置了各生产工艺相对应的学习、实践项目，使学生在完成学习任务的同时提高分析及解决生产实际问题的能力。

本书由内蒙古化工职业学院吴鹏超担任主编，主要完成模块一至模块七内容的编写，模块八由内蒙古化工职业学院白风荣编写，模块九由内蒙古伊诺新材料有限公司高级工程师额尔敦编写，全书由吴鹏超统稿。本书由内蒙古化工职业学院孟根图雅主审。

本书在编写过程中，得到了企业一线专家的大力支持，在此致以衷心的感谢！

限于编者水平和本领域知识发展和更新迅速，书中不足之处敬请广大读者批评指正。

编　者

2024 年 5 月

目录
CONTENTS

模块一 石油及其产品的性质 …… 001

单元一 石油的外观性质及化学组成 …… 002

一、石油的外观性质 …… 002

二、石油的化学组成 …… 003

单元二 石油及其产品的物理性质 …… 006

一、油品的蒸发性能 …… 006

二、油品的重量特性 …… 008

三、油品的流动性能 …… 009

四、油品的燃烧性能 …… 010

五、油品的其他性质 …… 011

单元三 石油产品的分类和石油产品的使用要求 …… 012

一、石油产品的分类 …… 012

二、石油燃料的使用要求 …… 013

三、其他石油产品的使用要求 …… 021

读一读 …… 023

自测习题 …… 023

模块二 原油评价与原油蒸馏 …… 025

单元一 原油的分类与评价 …… 026

一、原油的分类 …… 026

二、原油的评价 …… 027

三、原油的加工方案 …… 030

单元二 原油预处理 …… 034

一、原油预处理的目的 …… 034

二、预处理的基本原理及工艺 …… 034

单元三 原油常减压工艺操作 …… 036

一、原油蒸馏的基本形式 …… 036

二、石油及其馏分的汽液平衡 …… 037

三、原油常减压蒸馏工艺流程 …… 039

四、原油常减压蒸馏装置的工艺特征 …… 040

单元四 原油常减压蒸馏装置的操作与控制 …… 046

一、操作影响因素…… 046
二、主要操作参数的调节控制…… 047
读一读…… 051
自测习题…… 051

模块三　热加工过程…… 053
单元一　热加工过程的基本原理…… 054
一、热加工过程分类…… 054
二、热加工化学反应…… 054
单元二　延迟焦化…… 056
一、延迟焦化原料和产品…… 056
二、延迟焦化工艺流程…… 057
三、影响延迟焦化的主要因素…… 058
单元三　减黏裂化…… 059
一、减黏裂化原料和产品…… 059
二、减黏裂化工艺流程…… 060
三、影响减黏裂化的因素…… 061
读一读…… 062
自测习题…… 062

模块四　催化裂化…… 064
单元一　催化裂化原理、产品特点及催化剂…… 065
一、催化裂化的化学原理…… 065
二、催化裂化产品特点…… 067
三、催化裂化的催化剂…… 067
单元二　催化裂化工艺流程及主要设备…… 071
一、反应-再生系统…… 071
二、分馏系统…… 073
三、吸收稳定系统…… 074
四、催化裂化装置的主要设备…… 076
单元三　催化裂化的主要操作条件…… 079
一、催化裂化反应操作的影响因素…… 079
二、催化裂化反应-再生系统的三大平衡…… 082
读一读…… 082
自测习题…… 083

模块五　催化加氢…… 085
单元一　加氢处理…… 086
一、加氢处理的化学反应…… 086
二、加氢处理催化剂…… 088

三、加氢处理工艺…… 089
单元二 加氢裂化…… 091
一、加氢裂化的化学反应…… 091
二、加氢裂化催化剂…… 093
三、加氢裂化工艺…… 094
单元三 催化加氢工艺操作与控制…… 098
一、主要影响因素…… 098
二、主要操作参数的控制与调节…… 099
读一读…… 100
自测习题…… 100

模块六 催化重整…… 102
单元一 催化重整工艺原理…… 103
一、催化重整在石油加工中的地位…… 103
二、催化重整化学反应…… 104
三、催化重整反应的影响因素分析…… 105
单元二 催化重整催化剂…… 106
一、重整催化剂种类与组成…… 106
二、重整催化剂的使用性能…… 108
三、重整催化剂的失活与控制…… 109
四、重整催化剂的使用方法…… 111
单元三 催化重整原料预处理…… 112
一、催化重整原料的要求…… 112
二、催化重整原料预处理工艺流程…… 113
单元四 催化重整工艺流程…… 115
一、固定床半再生式重整工艺…… 115
二、移动床连续再生式重整工艺…… 116
三、重整反应的主要操作参数…… 118
单元五 芳烃抽提和芳烃精馏…… 120
一、芳烃抽提原理…… 120
二、芳烃抽提工艺流程…… 121
三、芳烃精馏工艺流程…… 123
读一读…… 124
自测习题…… 124

模块七 石油气体的精制与分馏…… 126
单元一 干气脱硫…… 127
一、干气脱硫方法…… 127
二、醇胺法脱硫的工艺流程…… 128
单元二 液化气脱硫醇…… 128
一、液化气脱硫醇的方法…… 129

二、液化气脱硫醇的工艺流程 …… 129
单元三 气体分馏 …… 130
一、气体分馏的基本原理 …… 130
二、气体分馏的工艺流程 …… 130
读一读 …… 131
自测习题 …… 132

模块八 高辛烷值组分的生产 …… 133
单元一 烷基化工艺 …… 134
一、烷基化反应原理 …… 134
二、烷基化反应工艺流程 …… 134
单元二 叠合工艺 …… 136
一、叠合过程的反应原理 …… 136
二、叠合工艺流程 …… 137
单元三 甲基叔丁基醚工艺 …… 138
一、合成 MTBE 的基本原理 …… 138
二、合成 MTBE 的工艺流程 …… 138
单元四 异构化 …… 139
一、烷烃异构化的反应原理 …… 139
二、烷烃异构化的工艺流程 …… 140
读一读 …… 141
自测习题 …… 141

模块九 燃料油品的精制与调和 …… 143
单元一 酸碱精制 …… 144
一、酸碱精制的原理 …… 145
二、酸碱精制的工艺流程 …… 146
三、酸碱精制操作条件的选择 …… 147
单元二 轻质油品脱硫醇 …… 147
一、脱硫醇的方法 …… 147
二、催化氧化脱硫醇法 …… 148
单元三 油品调和 …… 149
一、调和工艺 …… 150
二、调和比例的确定 …… 151
三、调和机理 …… 151
四、汽油的调和工艺 …… 152
读一读 …… 155
自测习题 …… 155

参考文献 …… 157

二维码资源目录

序号	资源名称	资源类型	页码
1	原油的外观与性质	动画	002
2	胶质的形成与危害	动画	005
3	浊点、结晶点和冰点	动画	010
4	爆炸极限	动画	011
5	闪点与燃点	动画	011
6	汽油机工作原理	动画	014
7	柴油机工作原理	动画	019
8	电脱盐脱水工作原理	动画	035
9	破乳剂工作原理	动画	035
10	闪蒸塔	动画	036
11	简单蒸馏	动画	036
12	精馏	动画	036
13	三段汽化常减压蒸馏工艺流程	动画	039
14	常压塔结构	动画	042
15	汽提塔	动画	042
16	焦炭-分馏系统	动画	057
17	塔式减黏裂化工艺流程	动画	061
18	分子筛催化剂	动画	067
19	结焦和堵塞引起的失活	动画	070
20	中毒引起的失活	动画	070
21	催化裂化反应-再生系统工艺流程	动画	071
22	催化裂化反应-再生系统工艺操作	动画	071
23	分馏系统工艺流程	动画	073
24	吸收稳定系统单塔工艺流程	动画	075
25	提升管反应器结构	动画	076
26	沉降器结构	动画	077
27	再生器结构	动画	077
28	单动滑阀	动画	078
29	催化裂化反应-再生系统催化剂再生循环	动画	082
30	渣油加氢处理工艺流程	动画	090
31	单段加氢裂化工艺流程	动画	095
32	固定床催化重整反应原理	动画	104
33	芳烃抽提原理	动画	120
34	芳烃精馏工艺流程	动画	123
35	液化气脱硫醇工艺流程	动画	129

模块一 石油及其产品的性质

知识目标

了解石油的一般性状、元素组成、烃类组成、馏分组成和非烃类组成。

掌握石油及其产品的一般物理性质，了解我国原油的主要特点。

了解汽油机、柴油机的工作原理。

掌握汽油、柴油等石油燃料的性能指标、使用要求、产品质量标准等。

技能目标

能分析原油及其产品中各种元素、烃类或非烃类化合物，及其产品质量或加工过程的影响。

能根据各类原油及其产品评价的物理性质数据，分析归纳出其特点。进一步分析原油的加工方案。

能根据石油燃料产品的质量分析相应发动机的工作状况。

素质目标

树立质量标准意识。

根据石油组成对石油产品质量或加工过程的影响，树立环保意识。

单元一 石油的外观性质及化学组成

石油又称为原油，是从地下深处开采的棕黑色可燃黏稠液体。1983 年第 11 届世界石油大会正式提出石油、原油、天然气等名词的定义。

石油（petroleum）是指气态、液态和固态的烃类混合物，具有天然性状。

原油（crude oil）是石油的基本类型，常压下呈液态，其中也包括一些液态非烃类组分(天然的液态烃类混合物)。

天然气（natural gas）是石油的主要类型，常温常压下呈气态，在地层条件下溶解于原油中。

石油包括原油、天然气、伴生气、凝析油等。

石油加工（炼制）工业是国民经济最重要的支柱产业之一，是提供能源，尤其是交通运输燃料和有机化工原料的最重要的工业。

一、石油的外观性质

石油是多种碳氢化合物的复杂混合物，其外观性质主要表现在石油的颜色、密度、流动性、气味上。表 1-1 列出了各类原油的主要外观性质。由于世界各地所产的原油在化学组成上存在差异，因而其在外观性质上也存在不同程度的差别。表 1-2 为我国几种原油的主要物理性质，表 1-3 为国外几种原油的主要物理性质。

原油的外观与性质

表 1-1 各类原油的主要外观性质

性质	影响因素	常规原油	特殊原油	我国原油
颜色	胶质和沥青质含量越多,石油的颜色越深	大部分原油是黑色,也有暗绿色或暗褐色	呈赤褐色、浅黄色,甚至无色	四川盆地:黄绿色 玉门:黑褐色 大庆:黑色
相对密度	胶质、沥青质含量多,石油的相对密度就大	一般在 0.80～0.98	个别高达 1.02 或低至 0.71	一般在 0.85～0.95,属于偏重的常规原油
流动性能	常温下原油中含蜡量少,其流动性好	一般是流动或半流动状的黏稠液体	个别是固体或半固体	蜡含量和凝固点偏高,流动性差
气味	含硫量高,臭味较浓	有不同程度的臭味		含硫相对较少,气味偏淡

表 1-2 我国几种原油的主要物理性质

项目	油田							
	大庆	胜利	孤岛	辽河	华北	中原	吐哈	鲁宁
密度(20℃)/(g/cm^3)	0.8554	0.9005	0.9495	0.9204	0.8837	0.8466	0.8197	0.8937
运动黏度(50℃)/(mm^2/s)	20.19	83.36	333.7	109.0	57.1	10.32	2.72	37.8
凝固点/℃	30	28	2	17(倾点)	36	33	16.5	26.0
蜡含量(质量分数)/%	26.2	14 6	4.9	9.5	22.8	19.7	18.6	15.3

续表

项目	油田							
	大庆	胜利	孤岛	辽河	华北	中原	吐哈	鲁宁
庚烷沥青质(质量分数)/%	0	<1	2.9	0	<0.1	0	0	0
残炭(质量分数)/%	2.9	6.4	7.4	6.8	6.7	3.8	0.90	5.5
灰分(质量分数)/%	0.0027	0.02	0.096	0.01	0.0097	—	0.014	—
硫含量(质量分数)/%	0.10	0.80	2.09	0.24	0.31	0.52	0.03	0.80
氮含量(质量分数)/%	0.16	0.41	0.43	0.40	0.38	0.17	0.05	0.29
镍含量/(μg/g)	3.1	26.0	21.1	32.5	15.0	3.3	0.50	12.3
钒含量/(μg/g)	0.04	1.6	2.0	0.6	0.7	2.4	0.03	1.5

表 1-3　国外几种原油的主要物理性质

项目	原油出产国							
	沙特(轻质)	沙特(中质)	沙特(轻重混合)	伊朗(轻质)	科威特	阿联酋	伊拉克	哈萨克斯坦
密度(20℃)/(g/cm^3)	0.8578	0.8680	0.8716	0.8531	0.8650	0.8239	0.8559	0.8538
运动黏度(50℃)/(mm^2/s)	5.88	9.04	9.17	4.91	7.31	2.55	6.50	1.088
凝点/℃	−24	−7	−25	−11	−20	−7	−15	−13
蜡含量(质量分数)/%	3.36	3.10	4.24	—	2.73	5.16	—	4.5
庚烷沥青质(质量分数)/%	1.48	1.84	3.15	0.64	1.97	0.36	1.10	—
残碳(质量分数)/%	4.45	5.67	5.82	4.28	5.69	1.96	4.2	3.02
硫含量(质量分数)/%	1.91	2.42	2.55	1.40	2.30	0.86	1.95	1.03
氮含量(质量分数)/%	0.09	0.12	0.09	0.12	0.14	—	0.10	0.20

二、石油的化学组成

（一）石油的元素组成

石油主要由碳、氢两种元素和硫、氮、氧元素以及一些微量金属、其他非金属元素组成。表 1-4 为国内外部分原油的主要元素组成，表 1-5 列出了原油中元素组成情况。

表 1-4　国内外几种原油的主要元素组成

原油	C 的质量分数/%	H 的质量分数/%	O 的质量分数/%	S 的质量分数/%	N 的质量分数/%
大庆原油	85.74	13.31	—	0.11	0.15
胜利原油	86.28	12.20	—	0.80	0.41
克拉玛依原油	86.1	13.3	0.28	0.04	0.25
孤岛原油	84,24	11.74	—	2.20	0.47
杜依玛兹原油	83.9	12.3	0.74	2.67	0.33
墨西哥原油	84.2	11.4	0.80	3.6	—

表 1-5 原油中元素组成情况

元素组成	常规原油中的元素含量	存在形式	我国原油
主要元素	C:83%～87% H:11%～14% 合计:96%～99%	原油的主要组成是烃类,不同产地的原油中,各种烃类的结构和所占比例相差很大,但主要属于烷烃、环烷烃、芳烃三类。原油中一般不含烯烃和炔烃,二次加工产物中常含有一定数量的烯烃	H/C 原子比较高,油品轻
少量元素(S、N、O)	S:0.06%～0.8% N:0.02%～1.7% O:0.08%～1.82% 合计:1%～4%	原油中还含有相当数量的非烃化合物,尤其在重质馏分油和减压渣油中含量更高。硫、氮、氧以化合物形式存在,这些化合物称为非烃化合物。它们在原油中的含量相当可观,高达10%～20%。原油中非烃类化合物主要有:含硫化合物、含氮化合物、含氧化合物、胶状-沥青状物质。	含硫量偏低,多数<1%;含氮量偏高,多数>0.3%
微量金属、其他非金属元素(30 余种)	金属元素和非金属元素含量甚微,在 10^{-9}～10^{-6} 级	微量非金属元素有:氯(Cl)、碘(I)、磷(P)、砷(As)、硅(Si)等;微量金属元素有:铁(Fe)、钒(V)、镍(Ni)、铜(Cu)、铅(Pb)、钙(Ca)、钠(Na)、镁(Mg)、钛(Ti)、钴(Co)、锌(Zn)等。它们是以化合物的形式存在的。这类微量元素在石油中的含量极低,但对石油加工过程,特别是对催化加工过程影响很大,其中的砷会使铂重整的催化剂中毒,铁、镍、钒会使催化裂化的催化剂中毒,故在这类物质加工时,对原料要有所选择或进行预处理	大多数原油含 Ni 多,含 V 少

(二)石油的烃类组成、馏分组成

1. 烃类组成

烷烃:以正构烷烃(含量高)和异构烷烃(含量低,且多带有两个或三个甲基)形式存在;C_1～C_4 为气态,是天然气和炼厂气的主要成分;C_5～C_{15} 为液态;C_{16} 以上为固态,多以溶解状态存在于石油中,当温度降低时,有结晶析出,这种固体烃类为蜡。我国大庆原油含蜡量高,大分子烷烃多,蜡的质量好,是生产石蜡的优质原料。

环烷烃:以环戊烷系(五碳环)和环己烷系(六碳环)形式存在。只有五元环、六元环,以单环、双环、三环及多环存在,并以并联方式为主;环烷烃的抗爆性较好,凝固点低,有较好的润滑性能和黏温性,是汽油、喷气燃料及润滑油的良好组分。特别是少环长侧链的环烷烃更是润滑油的理想组分。

芳烃:以单环芳烃(烷基芳烃)、双环芳烃(萘系并联多,串联少)、三环稠合芳烃(菲系多于蒽系)、四环稠合芳烃(蒎系等)形式存在;芳烃用途很广泛,可作为炸药、染料、医药、合成橡胶等原料,是重要的化工原料之一。

2. 馏分组成

石油是一种多组分的复杂混合物,每个组分都有其各自不同的沸点。根据各组分沸点的不同,用蒸馏的方法把石油“分割”成几个部分,每一部分称为馏分。从原油直接分馏得到的馏分称为直馏馏分,其产品称为直馏产品。石油各馏分烃类组成特点如表 1-6 所示。

表 1-6　石油各馏分烃类组成特点

馏分	馏程	烃类组成特点	
汽油馏分(轻油馏分或石脑油馏分)	<200(或 180)℃	烷烃	C_5～C_{10},存在于汽油馏分中
		环烷烃	汽油馏分中主要是单环环烷烃(重汽油馏分中有少量的双环环烷烃)
		芳烃	汽油馏分中主要含有单环芳烃
煤柴油馏分(中间馏分油或常压瓦斯油,AGO)	200～350℃	烷烃	C_{11}～C_{20},存在于煤柴油馏分中
		环烷烃	煤油、柴油馏分中含有单环、双环及三环环烷烃,且单环环烷烃具有更长的侧链或更多的侧链数目
		芳烃	煤油、柴油及润滑油馏分中不仅含有单环芳烃,还含有双环及三环芳烃
润滑油馏分(减压馏分或减压瓦斯油,VGO)	350～500℃	烷烃	C_{20}～C_{36},存在于润滑油馏分中
		环烷烃	高沸点馏分中则包括了单环、双环、三环及多于三环的环烷烃
		芳烃	高沸馏分中,除含有单环、双环芳烃外,主要含有三环及多环芳烃
渣油馏分	>500℃	一般把石油中不溶于低分子正构烷烃而溶于苯的组分称为沥青质;既溶于苯又溶于低分子正构烷烃的组分称为可溶质。采用氧化铝吸附色谱法可将渣油中的可溶质分离成饱和分、芳香分和胶质。渣油中含有高碳数烷烃和单环、双环、三环及多于三环的环烷烃,除含有单环、双环芳烃外,主要含有三环及多环芳烃	

(三)石油的非烃类组成

石油中的非烃化合物主要指含硫、氮、氧的化合物以及胶状、沥青状物质。非烃化合物的含量相当高,可高达 20%以上。非烃化合物在石油馏分中的分布是不均匀的,大部分集中在重质馏分和渣油中。非烃化合物的存在对石油加工和石油产品使用性能影响很大,石油加工中绝大多数精制过程都是为了除去这类非烃化合物。如果处理适当,综合利用可变害为利,生产一些重要的化工产品。石油非烃类组成的情况如表 1-7 所示。

胶质的形成与危害

表 1-7　石油非烃类组成的情况

非烃类组成	分类	形式	分布	影响
含硫化合物(10^{-4}～10^{-2})	活性硫化物	S、H_2S、低分子 RSH 等	汽油馏分的硫含量最低,减压渣油的硫含量最高	对设备管线有腐蚀作用。 可使油品某些使用性能(汽油的感铅性、燃烧性、储存安定性等)变坏。 污染环境,含硫油品燃烧后生成二氧化硫、三氧化硫等,污染大气,对人有害。 在二次加工过程中,使某些催化剂中毒,丧失催化活性
	非活性硫化物	硫醚(RSR′)、环硫醚、二硫化物(RSSR′)、噻吩及其同系物		
含氮化合物(10^{-4}～10^{-3})	碱性氮化物	吡啶、喹啉、吖啶	随沸点的升高,含量增加,大部分在胶质、沥青质中,大多数含氮化合物集中在重油中,汽油中基本不含有氮	影响产品的安定性:如柴油含氮量高,时间久了会变成胶质,是柴油安定性差的主要原因。氮与微量金属作用,形成卟啉化合物。这些化合物的存在,会导致催化剂中毒,使催化剂的活性和选择性降低
	非碱性氮化物	吡咯、吲哚、咔唑		

续表

非烃类组成	分类	形式	分布	影响
含氧化合物 (10^{-3})	酸性氧化物	环烷酸、脂肪酸、芳香酸、酚类(统称石油酸)	酸性氧化物中环烷酸占了整个石油酸的90%，随沸点升高，氧在石油中的含量增加	原油含环烷酸多，容易乳化，对加工不利，且腐蚀设备；产品中含环烷酸，对铅、锌等有色金属有腐蚀性，对铁、铝几乎无腐蚀；灯用煤油含环烷酸，可使灯芯堵塞，结花
	中性氧化物	醛、酮、酯等，含量极少		
胶质、沥青状物质 (10^{-2}～10^{2})	胶质	胶质能溶于石油醚及苯，也能溶于一切石油馏分	绝大部分存在于石油的减压渣油馏分中(胶质、沥青质都是由碳、氢、硫、氮、氧以及一些金属元素组成的多环复杂化合物)	胶质有很强的着色力，油品的颜色主要来自胶质。 胶质受热或在常温下氧化可以转化为沥青质。油品中的胶质必须除去。胶质和沥青质在高温时易转化为焦炭
	沥青质	暗褐色或深黑色脆性的非晶体固体粉末，不溶于石油醚而溶于苯		

单元二 石油及其产品的物理性质

石油及其产品的物理性质是评定石油产品质量和控制石油炼制过程的重要指标，也是设计石油炼制工艺装置和设备的重要依据。

石油及其产品的物理性质与其化学组成密切相关。由于石油及其产品都是复杂的混合物，它们的物理性质是所含各种成分的综合表现，所以对油品的物理性质常采用一些条件性的试验方法来测定。石油及其产品性质测定方法都有不同级别的统一标准，其中有国际标准(ISO)、国家标准（GB)、石油天然气行业标准（SY)、石油化工行业标准（SH）等。石油馏分的相关数据可以从《石油化工工艺计算图表》中查取或计算。

一、油品的蒸发性能

石油及其产品的蒸发性能是反映其汽化、蒸发难易的重要性质，可用蒸气压、馏程与平均沸点来描述。

1. 蒸气压

在一定温度下，液体与其液面上方蒸气呈平衡状态时，该蒸气所产生的压力称为饱和蒸气压，简称蒸气压。蒸气压越高，说明液体越容易汽化。

纯烃和其他纯的液体一样，其蒸气压只随液体温度而变化。温度升高，蒸气压增大。

石油及石油馏分的蒸气压与纯物质有所不同，它不仅与温度有关，而且与汽化率或液相组成有关。当温度一定时，汽化量变化会引起蒸气压的变化。

油品的蒸气压通常有两种表示方法：一种是工艺计算中常用的，汽化率为零时的蒸气压，即泡点蒸气压或称为真实蒸气压；另一种是汽油规格中所用的雷德蒸气压。通常泡点蒸气压比雷德蒸气压要高。

2. 馏程

纯物质在一定的外压下，当加热到某一温度时，其饱和蒸气压等于外界压力，液体就会沸腾，此温度称为沸点。在外压一定时，纯化合物的沸点是一个定值。

石油及其馏分或产品都是复杂的混合物，其沸点不是一个温度点，而是一个温度范围。

原油蒸馏后，经过加热、汽化、冷凝等过程，低沸点组分易蒸发出来，随着蒸馏温度的不断提高，较多的高沸点组分也相继蒸出。

蒸馏时流出第一滴冷凝液时的气相温度叫做初馏点或初点。

馏出物的体积分数依次达到10%、20%、……、90%时的气相温度分别称为10%点（或10%馏出温度）、20%点、……、90%点。

蒸馏到最后达到的气体的最高温度叫做终馏点（或干点）。

从初点到干点这一温度范围称为馏程，在此温度范围内蒸馏出的部分叫做馏分。馏分与馏程或蒸馏温度与馏出量之间的关系叫做原油或油品的馏分组成。

在生产和科研中常用的馏程测定方法有实沸点蒸馏与恩氏蒸馏。

① 实沸点蒸馏设备较精密，馏出时的气相温度较接近馏出物的沸点，温度与馏出的质量分数呈对应关系。

② 恩氏蒸馏设备较简便，蒸馏方法简单，馏程数据容易得到，但馏程并不能代表油品的真实沸点范围。图1-1为恩氏馏程测定装置。

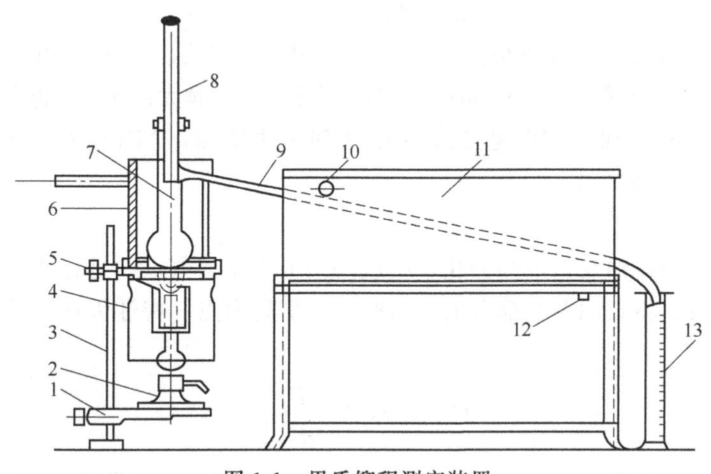

图1-1　恩氏馏程测定装置

1—托架；2—喷灯；3—支架；4—下罩；5—石棉垫；6—上罩；7—蒸馏烧瓶；8—温度计；9—冷凝管；10—排水支架；11—水槽；12—进水支架；13—量筒

实沸点蒸馏适用于原油评价及制定产品的切割方案。

恩氏蒸馏常用于原油评价、生产控制、产品质量标准及工艺计算，例如工业上常把馏程作为汽油、喷气燃料、柴油、灯用煤油、溶剂油等的重要质量指标。

3. 平均沸点

在工艺计算及求定其他物理常数时引出了油品平均沸点的概念。

平均沸点有五种表示方法，这五种平均沸点各有相应的用途，涉及平均沸点时必须注意是何种平均沸点。

① 体积平均沸点主要用于求其他难以求得的平均沸点；

② 质量平均沸点用于求油品的真临界温度；

③ 实分子平均沸点用于求烃类混合物或油品的假临界温度的偏心因数；

④ 立方平均沸点用于求取油品的特性因数和运动黏度；

⑤ 中平均沸点用于求油品氢含量、特性因数、假临界压力、燃烧热和平均分子量等。

二、油品的重量特性

1. 密度与相对密度

密度和相对密度是石油及其产品的重要特性之一。如在产品计量、炼油厂工艺设计、计算等时常用。

(1) 密度 是指单位体积物质的质量，以 kg/m^3 或 g/cm^3 表示。油品在不同温度下有不同的密度。我国国家标准 GB/T 1884—2000 规定，油品 20℃时密度作为石油产品的标准密度，表示为 ρ_{20}。其他温度下测得的密度用 ρ_t 表示。

(2) 相对密度 油品的密度与规定温度下水的密度之比称为油品的相对密度，用 d 表示。我国常用的相对密度为 d_4^{20}（即 20℃时油品的密度与 4℃时水的密度之比）。欧美各国常用的为 $d_{15.6}^{15.6}$（即 15.6℃时油品的密度与 15.6℃时水的密度之比，15.6℃＝60℉）。

(3) 国际上常用 API 度 是决定油价的标准。API 度与相对密度的关系式为：

$$\text{API 度} = 141.5/d_{15.6}^{15.6} - 131.5$$

API 度数值越大，表示密度越小。油品的密度与其组成有关，同一原油的不同馏分油，随沸点范围升高密度增大。当沸点范围相同时，含芳烃越多，密度越大；含烷烃越多，密度越小。

API 度＞32 为轻质油，API 度在 20～32 之间为中质油，API 度在 10～20 之间为重质油，API 度＜10 为超重质油。

2. 特性因数

特性因数是表征石油及石油馏分化学组成的一个重要参数。它是石油及其馏分平均沸点和相对密度的函数。将石油及其馏分的相对密度、平均沸点、特性因数关联起来，得出特性因数的数学表达式：

$$K = 1.216 \times \frac{(T)^{1/3}}{d_{15.6}^{15.6}}$$

式中，K 为特性因数；T 为烃类的平均沸点，K；$d_{15.6}^{15.6}$ 为烃类的相对密度。

不同烃类的特性因数是不同的。烷烃最高，环烷烃次之，芳烃最低。

特性因数表示油品的化学组成特性，含烷烃多的石油馏分特性因数较大，为 12.5～13.0；含芳烃多的石油馏分特性因数较小，为 10～11；一般石油馏分的特性因数为 9.7～13。

3. 平均分子量

石油馏分的分子量是其中各组分分子量的平均值，因此称为平均分子量，简称分子量。

石油馏分的平均分子量随馏分沸程的升高而增大。

① 汽油的平均分子量为 100～120；

② 煤油的平均分子量为 180～200；

③ 轻柴油的平均分子量为 210～240；

④ 低黏度润滑油的平均分子量为 300～360；

⑤ 高黏度润滑油的平均分子量为 370～500。

三、油品的流动性能

石油和油品在处于牛顿流体状态时，其流动性可用黏度来描述；当处于低温状态时，则用多种条件性指标来评定其低温流动性。

1. 黏度的表示方法

黏度是反映流体流动难易程度的一个物理参数。

黏度值实质上是反映流体流动时分子之间相对运动所引起内摩擦力的大小。黏度大则流动性差，反之则流动性好。

石油黏度是制定石油开发方案、油井动态分析及石油储运都必须考虑的重要参数，也是评价原油及其产品流动性能的指标，是喷气燃料、柴油、重油和润滑油的重要质量标准之一，特别是对各种润滑油的分级、质量鉴别和用途具有决定意义。黏度对油品流动和输送时的流量和压力降也有重要影响。

黏度分为动力黏度、运动黏度及条件黏度。国际标准化组织（ISO）规定统一采用运动黏度。

（1）动力黏度　是液体在一定的剪切应力下流动时内摩擦力的量度，其值为所加于流动液体的剪切应力和剪切速率之比。在我国法定单位制中以帕·秒（Pa·s）表示，习惯上用厘泊（cP）、泊（P）为单位。

（2）运动黏度　是液体在重力作用下流动时内摩擦力的量度，其值为相同温度下液体的动力黏度与其密度之比。在法定单位制中以 m^2/s 表示。在物理单位制中运动黏度单位为 cm^2/s（斯托克斯，St），常用单位是 mm^2/s（厘斯，cSt）。

（3）条件黏度　如恩氏黏度、赛氏黏度、雷氏黏度等。它们都是用特定仪器在规定条件下测定的。

恩氏黏度是某样品在恩氏黏度计中流出 200mL 的时间与 20℃时同体积的蒸馏水流出时间之比，常用°E 表示。根据实验室测定的°E 值，可以通过换算表获得运动黏度，并计算出动力黏度。

2. 黏度与化学组成的关系

石油及其馏分或产品的黏度因其组成不同而异。

① 含烷烃多（特性因数大）的石油馏分黏度较小，含环烃多（特性因数小）的黏度较大。

② 石油馏分越重，沸点越高，黏度越大。温度对油品黏度影响很大。温度升高，液体油品的黏度减小，而油品蒸气的黏度增大。

3. 油品的黏温性

油品黏度随温度变化的性质称为黏温性。黏温性好的油品，其黏度随温度变化的幅度较小。黏温性是润滑油的重要指标之一。

油品黏温性常用的表示方法有两种，即黏度比和黏度指数（VI）。

① 黏度比最常用的是 50℃与 100℃运动黏度的比值，也有用－20℃与 50℃运动黏度的比值，分别表示为 $\upsilon_{50℃}/\upsilon_{100℃}$ 和 $\upsilon_{-20℃}/\upsilon_{50℃}$，黏度比越小，黏温性越好。

② 黏度指数是世界各国表示润滑油黏温性的通用指标，也是 ISO 标准。黏度指数越高黏温性越好。

油品的黏温性是由其化学组成决定的。烃类中以正构烷烃的黏温性最好，环烷烃次之，芳烃最差。烃类分子中环状结构越多，黏温性越差，侧链越长则黏温性越好。

4. 低温流动性能

原油和油品的低温流动性对输送也有重要意义。油品并不是在失去流动性的温度下才不能使用，在失去流动性之前析出结晶，就会妨碍发动机的正常工作。

(1) 油品在低温下失去流动性的原因　有黏温凝固和构造凝固两种。

① 黏温凝固：对于含蜡很少或不含蜡的油品，随着温度降低，油品黏度迅速增大，当黏度增大到某一程度时，油品变成无定形的黏稠状物质而失去流动性。

② 构造凝固：对含蜡油品而言，油品中的固体蜡当温度适当时可溶解于油中，随着温度的降低，油中的蜡就会逐渐结晶出来。当温度进一步下降时，结晶大量析出，并联结成网状结构的结晶骨架，蜡的结晶骨架把此温度下还处于液态的油品包在其中，使整个油品失去流动性。

(2) 油品低温流动性能指标　油品低温流动性能包括浊点、结晶点、倾点、凝点和冷滤点等，都是在规定的条件下测定的。对不同油品规定了评定其低温流动性能的指标。

① 浊点：油品在规定的试验条件下冷却，开始出现微石蜡结晶或冰晶而使油品变浑浊时的最高温度。

浊点、结晶点和冰点

② 结晶点：在油品到达浊点温度后继续冷却，出现肉眼观察到的结晶时的最高温度。

③ 冰点：油品在试验条件下冷却至出现结晶时，再使其升温到结晶消失的最低温度。

浊点、结晶点、冰点是汽油、煤油、喷气燃料等轻质油品的质量指标之一。浊点是灯用煤油的重要质量指标，结晶点和冰点是喷气燃料的重要质量指标。

④ 凝点：油品在规定的试验条件下冷却到液面不移动时的最高温度。

⑤ 倾点：油品在规定的试验条件下冷却，能够流动的最低温度（流动极限）。

⑥ 冷滤点：油品在规定的试验条件下冷却，开始在1min内不能通过363目过滤网20mL时的最高温度。

凝点和倾点是评定原油、柴油、润滑油、重油等油品低温流动性能的指标。但是它们都不能直接表征油品在低温下阻塞发动机滤网的可能性，因此提出了冷滤点的概念。冷滤点是表征柴油在低温下阻塞发动机滤网可能性的指标。

(3) 影响油品低温流动性能的原因

① 油品的低温流动性与其化学组成有密切关系。油品的沸点越高，特性因数越大或含蜡量越多，其倾点或凝点就越高，低温流动性越差。

② 与油品中含有的胶质、沥青质及表面活性物质的多少有关。油品中含有的胶质、沥青质这些物质能吸附在石蜡结晶中心的表面上，阻止石蜡结晶的生长，致使油品的冷滤点、倾点、凝点下降。

③ 与油品中的水分有关，水分也是影响油品低温性能的重要因素。

四、油品的燃烧性能

油品绝大多数是易燃易爆物质，因此了解有关油品着火、爆炸的性质（如闪点、燃点、自燃点等），对于油品的贮存、运输、应用和炼制的安全有极其重要的意义。

（1）爆炸极限　油品蒸气与空气的混合气在一定浓度范围内遇到明火就会闪火或爆炸。混合气中油气的浓度低于这一范围，则油气不足，而高于这一范围，则空气不足，都不能发生闪火或爆炸。因此，能产生闪火或爆炸的浓度范围就称为爆炸极限，油气的下限浓度称为爆炸下限，上限浓度称为爆炸上限。

爆炸极限

（2）闪点　石油产品等可燃性物质的蒸气与空气形成混合物，在有火焰接近时，能发生闪火的最低温度。

由于测定仪器和条件的不同，油品的闪点又分为闭口闪点和开口闪点两种，两者的数值是不同的。通常轻质油品测定其闭口闪点，重质油和润滑油多测定其开口闪点。

闪点与燃点

油品的沸点越低，其闪点也越低。汽油的闪点为−50～30℃，煤油的闪点为28～60℃，润滑油的闪点为130～325℃。

（3）燃点　在油品达到闪点温度以后，继续提高温度，则会使闪火不立即熄灭，生成的火焰越来越大，熄灭前经历的时间也越来越长，当达到某一温度时，火焰不再熄灭（不少于5s)。油品发生持续燃烧的最低油温称为燃点。

（4）自燃点　将油品隔绝空气加热到一定的温度，使之与空气接触，无需引火，油品即可自行燃烧，称为油品的自燃。发生自燃的最低温度称为自燃点。

① 闪点和燃点与烃类的蒸发性能有关，而自燃点却与其氧化性能有关。油品的沸点越低，其闪点和燃点越低，而自燃点越高。

② 油品的闪点、燃点和自燃点与其化学组成有关。含烷烃多的油品，其自燃点低，但闪点高。

五、油品的其他性质

1. 油品的热性质

（1）比热容　单位质量的物质温度升高1℃（或1K）所需要的热量称为比热容，单位是J/(kg·K）或J/(kg·℃)。油品的比热容随密度增加而减小，随温度升高而增大。

（2）汽化潜热　在常压沸点下，单位质量的物质由液态转化为气态所需要的热量称为汽化潜热，单位是J/kg。

（3）焓　焓是热力学函数之一。焓的绝对值是不能测定的，但可测定过程始态和终态焓的变化值，单位是J/kg。

（4）燃烧热　单位质量燃料完全燃烧所放出的热量称为燃烧热或热值，单位为J/kg。

2. 折射率

光在真空中的速度（2.9986×10^{8} m/s）与光在物质中的速度之比称为折射率，也称为折光率，以 n 表示。通常用的折射率数据是光在空气中的速度与光在被空气饱和的物质中的速度之比。

油品的折射率常用于测定油品的烃类族组成，炼油厂的中间控制分析也采用折射率来求残炭值。

3. 含硫量

通常含硫量是指油品中含硫元素的质量分数。含硫量的测定方法有多种，如硫醇硫含量、硫含量（即总硫含量）、腐蚀等定量或定性方法。

4. 胶质、沥青质和蜡含量

原油中的胶质、沥青质和蜡含量对原油输送影响很大，特别是制定高含蜡、易凝原油的加热输送方案时，胶质与含蜡量之间的比例关系会显著影响热处理温度和热处理的效果。这三种物质的含量对制定原油的加工方案也至关重要。因此，通常需要测定原油中的胶质、沥青质和蜡的含量，均以质量分数表示。

5. 残炭值

用特定的仪器，在规定的条件下，将油品在不通空气的情况下加热至高温，此时油品中的烃类即发生蒸发和分解反应，最终成为焦炭。此焦炭占试验用油的质量分数，叫做油品的残炭或残炭值。

单元三 石油产品的分类和石油产品的使用要求

一、石油产品的分类

我国参照国际标准化组织发布的国际标准 ISO/DIS 8681，制定了 GB/T 498—2014《石油产品及润滑剂 分类方法和类别的确定》，将石油产品分为燃料、溶剂和化工原料、润滑剂和有关产品、蜡、沥青五大类。总分类列于表 1-8 中。

表 1-8 石油产品总分类

类别	含义	类别	含义
F	燃料	W	蜡
S	溶剂和化工原料	B	沥青
L	润滑剂和有关产品		

1. 燃料

燃料占石油产品总量的 85%左右，它是主要能源之一，其中以汽油、柴油等发动机燃料为主。GB/T 12692.1—2010《石油产品 燃料（F 类）分类 第 1 部分：总则》将燃料分为五组，见表 1-9。

表 1-9 燃料的分组

组别	燃料类型
G	气体燃料：主要是甲烷或乙烷或由它们组成的混合燃料
L	液化气燃料：主要由 C_3、C_4 烷烃或烯烃或其混合物组成
D	馏分燃料：汽油、煤油、柴油，重馏分油可含少量残油
R	残渣燃料：主要由蒸馏残油组成的石油燃料
C	石油焦：主要由碳组成的来源于石油的固体燃料

新制定的产品标准，把每种产品分为优级品、一级品和合格品三个质量等级，每个等级根据使用条件不同，还可以分为不同的牌号。

2. 润滑剂

润滑剂包括润滑油和润滑脂，主要用于降低机件之间的摩擦和防止磨损，以减少能耗和延长机械寿命。其产量不多，仅占石油产品总量的2%～5%，但却是品种和牌号最多的大类产品。

3. 石油沥青

石油沥青用于道路、建筑及防水等方面，其产品约占石油产品总量的3%。

4. 石油蜡

石油蜡属于石油中的固态烃类，是轻工、化工和食品等工业部门的原料。

5. 溶剂和化工原料

约有10%的石油产品用作石油化工原料和溶剂。

二、石油燃料的使用要求

在石油燃料中，用量最大、最重要的是D组中的发动机燃料，它包括以下几方面。

（1）点燃式发动机燃料　汽油，主要用于各种汽车、摩托车和活塞式飞机发动机等。

（2）喷气发动机燃料　喷气燃料，主要用于各种民用和军用喷气发动机。

（3）压燃式发动机燃料　柴油，用于各种大功率载重汽车、坦克、拖拉机、内燃机车和舰船等。

产品的质量标准是生产、使用、运销等各部门必须遵循的具有法规性的统一指标。不同的使用场合对所用燃料提出了相应的质量要求。

（一）汽油机和柴油机的工作过程

汽油机以四冲程发动机为例，其结构如图1-2所示，柴油机构造如图1-3所示。均包括

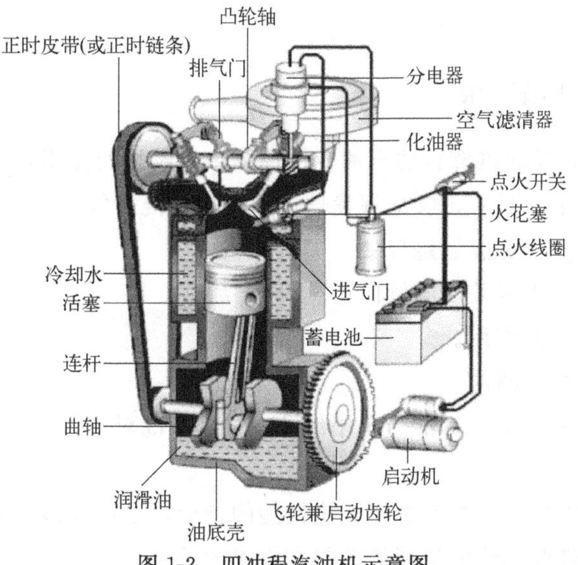

图1-2　四冲程汽油机示意图

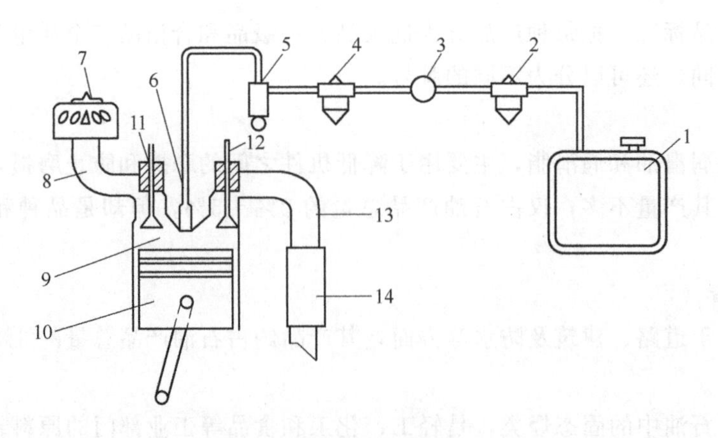

图 1-3　柴油机的原理构造图

1—油箱；2—初滤清器；3—输油泵；4—细滤清器；5—高压油泵；6—喷油嘴；7—空气滤清器；8—进气管；9—气缸；10—活塞；11—进气阀；12—排气阀；13—排气管；14—消声器

进气、压缩、燃烧膨胀做功、排气四个过程，但柴油机和汽油机的工作原理有两点本质的区别：

① 汽油机中进气和压缩的介质是空气和汽油的混合气，柴油机中进气和压缩的介质只是空气，而不是空气和燃料的混合气，因此柴油发动机压缩比的设计不受燃料性质的影响，可以设计得比汽油机高许多。一般柴油机的压缩比可达 13～24，汽油机的压缩比受燃料质量的限制，一般只有 6～8.5。

汽油机工作原理

② 在汽油机中燃料是靠电火花点火而燃烧的，而在柴油机中燃料则是通过喷散在高温高压的热空气中而自燃的。因此，汽油机称为点燃式发动机，柴油机则叫做压燃式发动机。柴油发动机和汽油发动机相比，单位功率的金属耗量大，但热功效率高，耗油少，耗油率比汽油机低 30%～70%，并且使用来源多而成本低的较重馏分柴油作为燃料。在我国除应用于拖拉机、大型载重汽车、排灌机械等外，在公路、铁路运输和轮船、军舰上也越来越广泛地采用柴油发动机。

（二）车用汽油的使用要求

汽油是用作点燃式发动机燃料的石油轻质馏分。对汽油的使用要求主要有以下几方面。

① 在所有的工况下，具有足够的挥发性以形成可燃混合气。

② 燃烧平稳，不产生爆震燃烧现象。

③ 储存安定性好，生成胶质的倾向小。

④ 对发动机没有腐蚀作用。

⑤ 排出的污染物少，清洁。

表 1-10 为车用汽油（Ⅴ）标准与车用汽油（Ⅵ）标准对比。

1. 抗爆性

汽油的抗爆性是表征汽油在气缸中燃烧性能的指标，是汽油最重要的使用指标之一，对提高发动机的功率、降低汽油的消耗量等都有直接的关系。

表 1-10　车用汽油（Ⅴ）标准与车用汽油（Ⅵ）标准对比（GB 17930—2016）

项目		车用汽油(Ⅴ)			车用汽油(ⅥA)			车用汽油(ⅥB)		
		89	92	95	89	92	95	89	92	95
抗爆性										
研究法辛烷值(RON)	不小于	89	92	95	89	92	95	89	92	
抗爆指数(RON+MON)/2	不小于	84	87	90	84	87	90	84	87	90
铅含量/(g/L)	不大于	0.005			0.005			0.005		
馏程										
10%蒸发温度/℃	不高于	70			70			70		
50%蒸发温度/℃	不高于	120			110			110		
90%蒸发温度/℃	不高于	190			190			190		
终馏点/℃	不高于	205			205			205		
残留量(体积分数)/%	不大于	2			2			2		
蒸气压/kPa	11 月 1 日～4 月 30 日	45～85			45～85			45～85		
	5 月 1 日～10 月 31 日	40～65			40～65			40～65		
胶质含量										
未洗胶质含量(加入清净剂前)/(mg/100mL)	不大于	30			30			30		
溶剂洗胶质含量/(mg/100mL)	不大于	5			5			5		
诱导期/min	不小于	480			480			480		
硫含量/(mg/kg)	不大于	10			10			10		
硫醇(博士试验法)		通过			通过			通过		
铜片腐蚀(50℃,3h)/级	不大于	1			1			1		
水溶性酸或碱		无			无			无		
机械杂质及水分		无			无			无		
苯含量(体积分数)/%	不大于	1			0.8			0.8		
芳烃含量(体积分数)/%	不大于	40			35			35		
烯烃含量(体积分数)/%	不大于	24			18			15		
氧含量(质量分数)/%	不大于	2.7			2.7			2.7		
甲醇含量(质量分数)/%	不大于	0.3			0.3			0.3		
锰含量/(g/L)	不大于	0.002			0.002			0.002		
铁含量/(g/L)	不大于	0.01			0.01			0.01		
密度(20℃)/(kg/m^3)		720～775			720～775			720～775		

注：车用汽油（Ⅴ）标准 2019 年 1 月 1 日起废止，车用汽油（ⅥA）标准 2019 年 1 月 1 日起执行，车用汽油（ⅥA）标准 2023 年 1 月 1 日起废止，车用汽油（ⅥB）标准 2023 年 1 月 1 日起执行。

（1）汽油机爆震　汽油机的热功效率与它的压缩比直接相关，所谓压缩比是指活塞移动到下死点时气缸的容积与活塞移动到上死点时气缸容积的比值。压缩比大，发动机的效率和经济性就好，但要求汽油有良好的抗爆性。抗爆性差的汽油在压缩比高的发动机中燃烧，则出现气缸壁温度猛烈升高、发出金属敲击声、排出大量黑烟、发动机功率下降、耗油增加等现象，即发生所谓的爆震燃烧。所以，汽油机的压缩比与燃料的抗爆性要匹配，压缩比高，燃料的抗爆性要求高。

汽油机产生爆震的原因主要有两个：

① 与燃料性质有关。如果燃料很容易氧化，形成的过氧化物不易分解，自燃点低，如果发动机的压缩比过大，就很容易产生爆震现象。

② 与发动机的工作条件有关。气缸壁温度过高，或操作不当，都容易引起爆震现象。

（2）汽油的抗爆性指标　汽油的抗爆性用辛烷值表示。汽油的辛烷值越高，其抗爆性越好。辛烷值分马达法辛烷值（MON）和研究法辛烷值两种（RON）。同一汽油的 MON 低于 RON。

① 马达法辛烷值表示重负荷、高转速时汽油的抗爆性。

② 研究法辛烷值表示低转速时汽油的抗爆性。我国车用汽油的商品牌号是以研究法辛烷值来划分的，目前划分为 89 号、92 号、95 号汽油。

③ 抗爆指数等于 MON 和 RON 的平均值。

汽油的抗爆性与其化学组成和馏分组成有关。辛烷值大小顺序为：正构烷烃＜环烷烃＜正构烯烃＜异构烷烃和异构烯烃＜芳香烃。含芳香烃、异构烷烃多的轻质汽油，辛烷值高。烷烃分子的碳链上分支越多，排列越紧凑，辛烷值越高。对于烯烃，双键位置越接近碳链中间位置，辛烷值越高。同族烃类，分子量越小，沸点越低，辛烷值越高。汽油的终馏点降低，辛烷值会升高。

（3）提高汽油辛烷值的途径

① 改变汽油的化学组成，增加异构烷烃和芳香烃的含量。这是提高汽油辛烷值的根本方法，可以采用催化裂化、催化重整、异构化等加工过程来实现。

② 加入少量提高辛烷值的添加剂，即抗爆剂。最常用的抗爆剂是四乙基铅，即含铅汽油，由于此抗爆剂有剧毒，所以此方法目前已禁止使用。

③ 调入其他高辛烷值组分，如含氧有机化合物醚类及醇类等。这类化合物常用的有甲醇、乙醇、叔丁醇、甲基叔丁基醚等。

2. 蒸发性

车用汽油是点燃式发动机的燃料，它在进入发动机气缸之前必须在化油器中汽化并与空气形成可燃性混合气。汽油在化油器中蒸发得是否完全，与空气混合得是否均匀及其蒸发性有关。

馏程和蒸气压是评价汽油蒸发性能的指标。

① 汽油的初馏点和 10％馏出温度反映汽油的启动性能，此温度过高，发动机越不易启动。

② 50％馏出温度反映发动机的加速性和平稳性，此温度过高，发动机不易加速。当行驶中需要加大油门时，汽油就会来不及完全燃烧，致使发动机不能产生应有的功率。

③ 90％馏出温度和终馏点反映汽油在气缸中蒸发的完全程度，这个温度过高，说明汽油中的重组分过多，使汽油汽化燃烧不完全。这不仅增大了汽油耗量，使发动机功率下降，而且会造成燃烧室中结焦和积炭，影响发动机正常工作，另外还会稀释、冲掉气缸壁上的润滑油，增加机件的磨损。

④ 汽油的蒸气压也称为饱和蒸气压，是指汽油在某一温度下形成饱和蒸气所具有的最高压力。汽油的蒸气压过大，说明汽油中的轻组分太多，在输油管路中就会蒸发形成气阻，中断正常供油，致使发动机停止运行。

3. 安定性

汽油的安定性一般是指化学安定性，它表明了汽油在储存过程中抵抗氧的能力。汽油的安定性与其化学组成有关，使用安定性差的汽油，会严重影响发动机的正常工作。

如果汽油中含有大量的不饱和烃，特别是二烯烃，在贮存和使用过程中，这些不饱和烃极易被氧化，汽油颜色变深，生成黏稠胶状沉淀物即胶质。这些胶状物沉积在发动机的油箱、滤网、汽化器等部位，会堵塞油路，影响供油。沉积在火花塞上的胶质高温下形成积炭而引起短路。沉积在气缸盖、气缸壁上的胶质会形成积炭而使传热恶化，引起表面着火或爆震现象。

在车用汽油的规格指标中用实际胶质和诱导期来评价汽油的安定性。

① 实际胶质指在规定条件下测得的发动机燃料的蒸发残留物。实际胶质含量越少，则汽油的安定性越好。

② 诱导期指在规定的加速氧化条件下，油品处于稳定状态所经历的时间周期。诱导期越长，则汽油的安定性越好。

改善汽油安定性的方法通常是在适当精制的基础上添加一些抗氧化添加剂。

4. 腐蚀性

汽油的腐蚀性是指汽油对金属的腐蚀能力。汽油的主要组分是烃类，任何烃对金属都无腐蚀作用。若汽油中含有一些非烃杂质，如硫及含硫化合物、水溶性酸碱、有机酸等，则对金属有腐蚀作用。

评定汽油腐蚀性的指标有酸度、硫含量、铜片腐蚀、水溶性酸碱等。

① 酸度指中和100mL油品中酸性物质所需的氢氧化钾（KOH）质量（mg），单位为mgKOH/100mL。

② 铜片腐蚀是用铜片直接测定油品中是否存在活性硫的定性方法。

③ 水溶性酸碱是在油品用酸碱之后，因水洗过程操作不良，残留在汽油中的可溶于水的酸性或碱性物质。成品汽油中不含水溶性酸碱。

5. 苯含量

汽油是通过各种组分调和出来的，汽油调和组分一般包括催化裂化汽油、催化重整汽油、烷基化油、异构化油和醚类等，催化重整汽油和催化裂化汽油作为汽油池的重要组成部分，也是汽油池苯含量的重要来源。

因为车用汽油中含有苯，苯分子量小而极易挥发。为防止车用汽油在储运过程中、挥发苯而使人体中毒，苯已经被世界卫生组织确定为强烈致癌物质。国ⅥB标准车用汽油对苯含量的要求是≤0.8%。

6. 甲醇含量

甲醇的辛烷值较高，加工成本远低于汽油，因氧含量高而易完全燃烧，对发动机尾气排放减少、减轻大气污染有一定的贡献。但也存在一些问题：

① 甲醇与汽油容易分层而混合不均，导致发动机在某一时刻喷出时甲醇含量超过燃料的15%。

② 甲醇的蒸发潜热要远大于汽油，消耗热量多而导致燃油雾化不良，造成冷启动不良、冷车运行不良等。

③ 甲醇喷入发动机后如不能快速着火燃烧，未燃甲醇将沿气缸壁下流，随润滑油混入

润滑系统，将对气缸、发动机所有需要润滑的部件造成磨损而导致发动机寿命减损。

④ 甲醇有较强的毒性，对人体的神经系统和血液系统危害很大，它经消化道、呼吸道或皮肤摄入人体都会产生毒性反应。甲醇在人体内不易排出而发生蓄积，累计达到 10g 就能造成双目失明、肝肾衰竭，累计达到 30g 就能造成死亡。

鉴于甲醇的这些危害且极易挥发，国家标准 GB 17930—2016 规定：甲醇的检出量不大于 0.3%（质量分数），并且明确规定不得人为加入甲醇。

7. 氧含量

汽油氧含量过高，会影响其燃烧值，造成耗油量过高，容易形成含氧自由基，有安全隐患，不利于汽油的运输及贮藏。国家标准规定汽油的氧含量不大于 2.7%。

国家标准对汽油中氧含量的限定，主要是限制汽油添加剂（主要是醚类）的添加量，目前国内主要使用的添加剂是甲基叔丁基醚（MTBE），因为 MTBE 热值较汽油低，会影响汽车的续航里程，且会对地下水资源造成不可逆的污染，所以随着 MTBE 工艺的逐渐淘汰和加氢工艺的成熟，国内汽油氧含量的控制指标基本都会达标。

8. 铁、锰含量

汽车尾气处理的三元催化器可以将有害气体转变为二氧化碳、水和氮气。铁、锰金属化合物附着在三元催化器的催化剂载体表面上，可使催化活性大大降低。因此，要减少这些金属化合物附着在载体表面的机会，这与汽油中金属的含量以及车辆使用年限有关。

国家标准对车用汽油的铁、锰含量的规定是分别控制在不高于 0.01g/L、0.002g/L。

（三）车用柴油的使用要求

柴油是压燃式发动机的燃料，按照柴油机的类别，柴油分为轻柴油和重柴油。

表 1-11　车用柴油（Ⅴ）标准与车用柴油（Ⅵ）标准对比（GB 19147—2016）

项目	车用柴油(Ⅴ)						车用柴油(Ⅵ)					
	5号	0号	−10号	−20号	−35号	−50号	5号	0号	−10号	−20号	−35号	−50号
氧化安定性(以总不溶物计)/(mg/100mL)　不大于	2.5						2.5					
硫含量/(mg/kg)　不大于	10						10					
酸度(以 KOH 计)/(mg/100mL)　不大于	7						7					
10%蒸余物残炭(质量分数)/%	0.3						0.3					
灰分(质量分数)/%　不大于	0.01						0.01					
铜片腐蚀(50℃,3h)/级　不大于	1						1					
水含量(体积分数)/%　不大于	痕迹						痕迹					
机械杂质	无						—					
总污染物含量/(mg/kg)	—						24					
润滑性 校正磨痕直径(60℃)/μm　不大于	460						460					
多环芳烃含量(质量分数)/%　不大于	11						7					

续表

项目	车用柴油(Ⅴ)						车用柴油(Ⅵ)					
	5号	0号	−10号	−20号	−35号	−50号	5号	0号	−10号	−20号	−35号	−50号
运动黏度(20℃)/(mm^2/s)	3.0～8.0		2.5～8.0		1.8～7.0		3.0～8.0		2.5～8.0		1.8～7.0	
凝点/℃　不高于	0	0	−10	−20	−35	−50	5	0	−10	−20	−35	−50
冷滤点/℃　不高于	8	4	−5	−14	−29	−44	8	4	−5	−14	−29	−44
闪点(闭口)/℃　不低于	60			50	45		60			50	45	
十六烷值　不小于	51			49	47		51			49	47	
十六烷指数　不小于	46			46	43		46			46	43	
馏程 50%回收温度/℃ 不高于 90%回收温度/℃ 不高于 95%回收温度/℃ 不高于	 800 355 365						 300 355 365					
密度(20℃)/(kg/m^3)	810～850			790～840			810～845			790～840		
脂肪酸甲酯含量(体积分数)/%　不大于	1.0						1.0					

注：车用柴油（Ⅴ）标准自2019年1月1日起废止，车用柴油（Ⅵ）标准自2019年1月1日起执行。

(1) 轻柴油　用于1000r/min以上的高速柴油机；轻柴油按凝固点分为10、5、0、−10、−20、−35、−50牌号，见表1-11。对轻柴油的质量要求有以下几方面：

① 具有良好的雾化性能、蒸发性能和燃烧性能；

② 具有良好的燃料供给性能；

③ 对发动机部件没有腐蚀和磨损作用；

④ 具有良好的储存安定性、热安定性和清洁性。

(2) 重柴油　用于500～1000r/min的中速柴油机和小于500r/min的低速柴油机。

1. 燃烧性能

柴油机工作原理

柴油的燃烧性能用柴油的抗爆性和蒸发性来衡量。

(1) 抗爆性　柴油机在工作过程中也会发生类似汽油机的爆震现象，使发动机功率下降，机件损害，但产生爆震的原因与汽油机完全不同。汽油机的爆震是由于燃料太容易氧化，自燃太低。而柴油机的爆震是由于燃料不易氧化，自燃点太高。因此，汽油机要求自燃点高的燃料，而柴油机要求自燃点低的燃料。

① 柴油的抗爆性用十六烷值表示。十六烷值高的柴油，表明其抗爆性好。

② 柴油的抗爆性与所含烃类的自燃点有关，自燃点低则不易发生爆震。

在各类烃中，正构烷烃的自燃点最低，十六烷值最高，烯烃、异构烷烃和环烷烃居中，芳烃的自燃点最高，十六烷值最低。所以含烷烃多、芳烃少的柴油，抗爆性能好。各族烃类的十六烷值随分子中碳原子数的增加而增加，这也是柴油分子通常要比汽油分子重的原因之一。

③ 柴油的十六烷值并不是越高越好，如果柴油的十六烷值很高如60以上，由于自燃点太低，燃期太短，容易燃烧不完全，产生黑烟，使耗油量增加，柴油机功率下降。

(2) 蒸发性　柴油的蒸发性能影响其燃烧性能和发动机的启动性能，其重要性不亚于十六烷值。馏分轻的柴油启动性好，易于蒸发和迅速燃烧，但馏分过轻，自燃点高，滞燃期长，会发生爆震现象。馏分过重的柴油，由于蒸发慢，会造成不完全燃烧，燃料消耗量增加。

柴油的蒸发性用馏程和残炭来评定。

① 不同转速的柴油机对柴油馏程要求不同，高转速的柴油机，对柴油馏程要求比较严格，国家标准中严格规定了50%、90%和95%的馏出温度。

② 对低转速的柴油机没有严格规定柴油的馏程，只限制了残炭值。

2. 低温性能

当柴油的温度降到一定程度时，其流动性就会变差，可能有冰晶和蜡结晶析出，堵塞过滤器，减少供油，降低发动机的功率，严重时会完全中断供油。低温也会导致柴油的输送、储存等发生困难。

① 国产柴油的低温性能主要以凝点来评定，并以此作为柴油的商品牌号。

例如0号、10号轻柴油，分别表示其凝点不高于0℃、−10℃，凝点低表示其低温性能好。国外采用浊点、倾点或冷滤点来表示柴油的低温流动性。通常使用柴油的浊点比使用温度低3～5℃，凝点比环境温度低5～10℃。

② 柴油的低温性能取决于化学组成。

馏分越重，其凝点越高。

含环烷烃或芳烃多的柴油，其浊点和凝点都较低，但其十六烷值也低。

含烷烃特别是正构烷烃多的柴油，浊点和凝点都较高，十六烷值也高。

因此，从燃烧性能和低温性能上看，柴油的理想组分是带一个或两个短烷基侧链的长链异构烷烃，它们具有较低的凝点和足够的十六烷值。

③ 改善柴油低温流动性能的主要途径有以下三种：

a. 脱蜡，柴油脱蜡成本高而且收率低，在特殊情况下才采用。

b. 调入二次加工柴油。

c. 向柴油中加入低温流动改进剂，可防止、延缓石蜡形成网状结构，从而使柴油凝点降低。此种方法较经济且简便，因此采用较多。

3. 黏度

柴油的供油量、雾化状态、燃烧情况和高压油泵的润滑等都与柴油黏度有关。

① 柴油黏度过大，油泵抽油效率下降，减少了供油量，喷出的油射程远，雾化不良，与空气混合不均匀，燃烧不完全，耗油量增加，机件上的积炭增加，发动机功率下降。

② 柴油黏度过小，射程太近，射角宽，全部燃料在喷油嘴附近燃烧，易引起局部过热，且不能利用燃烧室的全部空气，同样燃烧不完全，发动机功率下降。另外，柴油作为输送泵和高压油泵的润滑剂时，黏度过小会导致润滑效果变差，造成机件磨损。

4. 安定性

影响柴油安定性的主要原因是油品中存在不饱和烃和含硫、含氮化合物等不安定成分。评价柴油安定性的指标主要有总不溶物和10%蒸余物残炭值。

(1) 总不溶物　表示柴油的热氧化安定性，反映了柴油在受热和有溶解氧的作用下发生氧化变质的倾向。

(2) 10%蒸余物残炭值　反映柴油在使用过程中在气缸内形成积炭的倾向，残炭值大，表示柴油容易在喷油嘴和气缸零件上形成积炭，导致散热不良，机件磨损加剧，缩短发动机使用寿命。

5. 腐蚀性

通过控制酸度、含硫量、水分、铜片腐蚀等指标防止腐蚀。

① 酸度　可以反映柴油中含酸物质对发动机的影响，含酸量较多且有水存在的情况下，供油部件易受到腐蚀，并会出现喷油器孔结焦和气缸内积炭增加，以及喷油泵柱塞磨损增大等问题。

② 硫及含硫化合物　在燃烧后均生成 SO_2、SO_3 等，对金属有腐蚀作用，会加速积炭的形成，同时柴油机排出的尾气中含有氧化硫会污染环境。为了保护环境及避免发动机腐蚀，轻柴油的质量标准中规定含硫量不大于0.2%，城市用柴油的含硫量不大于0.05%。

6. 洁净度

影响柴油洁净度的物质主要有水分和机械杂质。柴油中有较多的水分，在燃烧时将降低柴油的发热值，在低温下会结冰，从而使柴油机的燃料供给系统堵塞。而机械杂质的存在会引起油路阻塞，加剧喷油泵和喷油器中精密零件的磨损，所以轻柴油的质量标准中规定了水分的含量不大于痕迹，不允许有机械杂质。

三、其他石油产品的使用要求

（一）石油沥青

石油沥青是以减压渣油为主要原料制成的一类石油产品，它是黑色固态或半固态黏状物质。石油沥青主要用于道路铺设和建筑工程上，也广泛用于水利工程、管道、电器绝缘和油漆涂料等方面。

1. 种类

我国的石油沥青产品按品种牌号计有44种，可分为4个大类，即道路沥青、建筑沥青、专用沥青和乳化沥青。

2. 质量指标

石油沥青的质量指标有针入度、脆点、伸长度（简称延度）、溶解度、含蜡量、闪点、密度、沥青质、胶质等，主要有3个，即针入度、延度和软化点。

(1) 针入度　石油沥青的针入度是以标准针在一定的荷重、时间及温度条件下垂直穿入沥青试样的深度来表示的，单位为1/10mm。针入度表示石油沥青的硬度，针入度越小表明沥青越稠硬。我国用25℃时的针入度来划分石油沥青的牌号。

(2) 延度　石油沥青的延度是以规定的蜂腰形试件，在一定的温度下以一定的速度拉伸试样至断裂时的长度，单位为cm。延度大表明沥青的塑性变形性能好，不易出现裂纹，即使出现裂纹也容易自愈。

(3) 软化点　石油沥青的软化点是试样在测定条件下，因受热而下坠25.4mm时的温度，以摄氏温度表示。软化点表示沥青受热从固态转变为具有一定流动能力时的温度。软化点高，表示石油沥青的耐热性能好，受热后不致迅速软化，并在高温下有较高的黏滞性，所铺路面不易因受热而变形。软化点太高，则会因不易熔化而造成铺浇施工困难。

（二）石油蜡

石油蜡广泛用于电气、化学和医药等工业。我国已形成由石蜡、微晶蜡（地蜡）、凡士林和特种蜡构成的石油产品系列，其中石蜡和地蜡是基本产品。

1. 石蜡

石蜡是从减压馏分中经过脱油、精制而得到的固态烃，常温下为固体，颜色呈白色至淡黄色，主要由 C_{15} 以上正构烷烃、少量短侧链异构烷烃构成。按精制深度不同，石蜡分为粗石蜡、半精炼石蜡、全精炼石蜡三类。石蜡一般以熔点作为划分号的标准。其产量约占石油产品总量的 1%。其质量指标有熔点、含油量、色度、光安定性、针入度、运动黏度、臭味、折射率等。

2. 地蜡

地蜡具有较高的熔点和细微的针状结晶，我国地蜡以产品颜色为分级指标，分为合格品、一级品和优级品，同时又按其滴熔点分为 70 号、75 号、80 号、85 号、95 号等 5 个牌号。地蜡的主要用途之一是作为润滑脂的稠调剂。由于它的防护性能好，可制造化工原料用的烃基润滑脂等。地蜡的质地细腻、柔润性好，经过深度精制的地蜡是优质的日用化工原料，可制成软膏及化妆品等。

地蜡也是制造电子工业用蜡、橡胶防护蜡、调温器用蜡、冶金工业用蜡等一系列特种蜡的基本材料。地蜡还可作为石蜡的改质剂。在石蜡中添加少量地蜡，即可改变石蜡的晶型，提高其塑性和挠性，从而使石蜡适用于防水、防潮、铸模、造纸等领域。

（三）润滑油

润滑油对内燃机有润滑、冷却、密封、卸荷及减震等保护作用。内燃机润滑油的质量指标有黏度、黏度指数、倾点、凝点、抗乳化性、抗泡性、抗氧化安定性、腐蚀性等。

1. 黏度

润滑油的黏度太小，将会导致油膜厚度太薄而加大机件的磨损。流动着的润滑油不断地从摩擦面上流过，也能带走摩擦面上一定的热量，起到冷却作用。黏度过大的润滑油因为其流动性小，会在一定程度上影响冷却效果。

2. 抗氧化安定性

内燃机润滑油不仅使用环境的温度高，而且是循环使用的，不断与含氧的气体接触，很容易氧化变质。不饱和烯烃和芳香烃易与氧发生反应，所以烯烃和芳烃不是理想的组分，润滑油需要控制它们的含量以保证抗氧化安定性。

3. 清净性

发动机润滑油的氧化是无法完全避免的，这就要求润滑油能及时沉淀氧化生成的胶状物和清洗掉炭渣，或者使它们分散悬浮在油品中，通过滤清器除掉，以保持活塞环等零件清洁，使不易卡环等。国家标准中用清净性衡量润滑油的这一性能，它是在专门的仪器中测定的，从 0～6 分为 7 个等级，级数越高，清净性越差。

4. 黏温性与低温流动性

润滑油的黏度随温度的变化太大，高温时太稀则不能保持必要厚度的油膜，将会加大机器的磨损；低温时又太稠，加之没有良好的低温流动性，润滑油便不能正常泵送，运动部件就不能形成正常的润滑状态而导致磨损。

5. 腐蚀性

润滑油的腐蚀作用主要由油品中酸性物质导致的。通常用酸值、水溶性酸碱等表征润滑油腐蚀性的大小。这些酸性物质有些是原本就存在，有些是氧化反应的产物。发动机润滑油应对一般轴承无腐蚀，而且对于极易被腐蚀的铜、铅、镉、银、锡、青铜等耐磨材料，也应无腐蚀作用。

（四）溶剂油

溶剂油是对某些物质起溶解、洗涤、萃取作用的轻质石油产品，由直馏油、铂重整抽余油等精制而成。

1. 种类

我国现在生产的溶剂油主要有植物油抽提溶剂油、橡胶工业用溶剂油、油漆工业用溶剂油和航空洗涤汽油等数种。

2. 质量指标

溶剂油的质量指标有闪点、色度、芳烃含量、贝壳松脂丁醇值、溴值、馏程、铜片腐蚀、密度等。

3. 安全性

溶剂油均为蒸发性极强的易燃易爆轻质油品，在使用和储运过程中，必须特别注意防火安全，要求使用场所通风良好，保证油气浓度小于 0.3mg/L，含苯蒸气浓度小于 0.05mg/L，严防用已被四乙基铅污染的管线、容器输送、包装溶剂油，以保证人身安全。

读一读　石油产品——芳纶纤维

石油可用作燃料，但制成纤维却能防火。尤其是某些特殊材质的服装，例如防弹衣、消防服、防静电工服材料都从石油中来。

对位芳纶，一种金黄色的纤维，即传说中的“黄金丝”。它具有超高强度和高模量，耐高温、耐酸碱、重量轻，性能优良。人们形象地描述它是“子弹打不透、烈火烧不着”的材料，在工业上广泛应用。产品主要应用在光纤光缆、绳缆织带、骨架材料、复合材料、摩擦密封材料、纺织和防护等领域。

自测习题

一、选择题

1. 石油中的烃类不包括（　　）。

A. 烷烃　　B. 烯烃　　C. 环烷烃　　D. 芳香烃

2. 石油中的碳含量约占总量的（　　）。

A. 75%～80%　　B. 83%～87%　　C. 87%～92%　　D. 92%～95%

3. 油品的黏度随温度的增高而（　　）。

A. 减小　　B. 增大　　C. 不变　　D. 不确定

4. 我国车用汽油的 90%馏出温度不能高于（　　）。

A. 70℃　　B. 120℃　　C. 190℃　　D. 205℃

5. 国产柴油以（　　）来表示其低温流动性。

A. 闪点　　B. 凝点　　C. 十六烷值　　D. 酸度

6. 以下（　　）是柴油燃烧后残留的无机物。

A. 灰分　　B. 残炭　　C. 杂质　　D. 胶质

7. 柴油的使用储存安定性用（　　）来表示。

A. 闪点　　B. 凝点　　C. 十六烷值　　D. 实际胶质

8. 下面的烃类中，辛烷值最低的是（　　）。

A. 芳香烃　　B. 异构烷烃　　C. 正构烯烃　　D. 正构烷烃

9. 石油中的含硫量随着馏分沸点的升高而（　　）。

A. 减少　　B. 不变　　C. 增大　　D. 不确定

10. 汽油的（　　）馏出温度是为了保证汽油具有良好的启动性。

A. 10%　　B. 30%　　C. 50%　　D. 100%

二、填空题

1. 组成石油的元素主要是______、______、______、______、______，此外还有少量微量元素。

2. 石油产品可分为______、______、______、______、______等五类。

3. 石油中的含氮化合物可分为____________和____________。

4. 石油中含硫化合物可分为____________和____________。

5. 胶质、沥青质都是由______、______、______、______、______，以及一些________组成的多环复杂化合物。绝大部分存在于石油的__________馏分中。

三、判断题

1. 在石油烃类组成的表示方法中，单体烃组成表示方法简单而且实用。（　　）

2. 原油中汽油馏分少、渣油多是我国原油的特点之一。（　　）

3. 从原油直接分馏得到的馏分，称为直馏馏分，其产品称为直馏产品。（　　）

4. 通常将含硫量低于 0.5%的石油称为低硫石油。（　　）

5. 蒸气压越高，表明液体越易汽化。（　　）

6. 黏度指数越高，黏温性越差。（　　）

7. 油品越轻，其闪点和燃点越低，自燃点也越低。（　　）

8. 在同一族烃中，随分子量增大，自燃点降低，而闪点和燃点则升高。（　　）

9. 干点温度和 90%馏出温度表示汽油在气缸中蒸发的完全程度。（　　）

10. 直馏汽油的辛烷值高。（　　）

四、简答题

1. 含硫化合物的主要危害有什么？

2. 什么是分馏？什么是馏分？

3. 汽油机与柴油机的共同点和区别是什么？

4. 油品失去流动性的原因是什么？

5. 车用汽油（ⅥB） 92 号油的主要质量标准有什么？

模块二 原油评价与原油蒸馏

知识目标

了解原油的评价内容和方法，实沸点蒸馏过程、原油分类方法。

了解大庆原油、胜利原油的主要特点和初步确定原油的加工方案。

掌握原油蒸馏生产过程对原料的要求、原油预处理的原理和方法。

掌握原油蒸馏的原理和特点、工艺流程和操作的影响因素。

技能目标

能结合工艺说明、识读常减压工艺流程图。

能对常减压蒸馏的开工、停工及故障处理进行操作。

能对影响蒸馏生产过程的因素进行分析和判断，进而对生产过程进行操作和控制。

素质目标

具有安全生产、规范操作的意识。

树立设备安全管理、清洁生产意识。

单元一　原油的分类与评价

一、原油的分类

原油可从工业、地质、物理和化学等方面进行分类，应用较广泛。原油分类方法有化学分类法和工业分类法。

（一）化学分类法

化学分类法中常用的有两种：

（1）特性因数分类法　此种方法是根据原油的特性因数分类的（表 2-1）。

表 2-1　原油特性因素分类

特性因数(K)	原油类别	特点
$K>12.1$	石蜡基原油	烷烃含量一般在 50%以上，密度较小，含蜡量较高，凝点高，硫、氮、胶质的含量较低。用这类原油生产的汽油辛烷值较低，柴油的十六烷值较高；用其生产的润滑油黏温性好，大庆原油就是典型的石蜡基油
$K=11.5\sim12.1$	中间基原油	性质介于石蜡基原油和环烷基原油之间
$K=10.5\sim11.5$	环烷基原油	环烷烃和芳烃的含量较多，相对密度较大，凝点较低，一般含硫、胶质、沥青质较多，所以又叫做沥青基原油。汽油馏分中的环烷烃含量高达 50%以上，辛烷值较高，柴油的十六烷值低；润滑油的黏温性差；可以生产各种高质量的沥青，如我国的孤岛原油

（2）关键馏分分类法　此法是把原油放在特定的简易分馏设备中，在常压下取 250～275℃的馏分为第一关键馏分，残油用不带填料的蒸馏瓶，在 5.33kPa（40mmHg[1]）的减压下蒸馏，取 275～300℃馏分（相当于常压 395～425℃）作为第二关键馏分，并测定以上两个关键馏分的相对密度，根据密度对这两个馏分进行分类，最终确定原油的类别（见表 2-2 和表 2-3），是目前应用较多的原油分类法。

表 2-2　关键馏分的分类指标

关键馏分	石蜡基	中间基	环烷基
第一关键馏分 (250～275℃)	$d_4^{20}<0.8210$ API>40 ($K>11.9$)	$d_4^{20}=0.8210\sim0.8562$ API=33～40 ($K=11.5\sim11.9$)	$d_4^{20}>0.8562$ API<33 ($K<11.5$)
第二关键馏分 (395～425℃)	$d_4^{20}<0.8723$ API>30 ($K>12.2$)	$d_4^{20}=0.8723\sim0.9305$ API=20～30 ($K=11.5\sim12.2$)	$d_4^{20}>0.9305$ API<20 ($K<11.5$)

[1] 1mmHg=133.322Pa。

表 2-3　关键馏分分类类别

编号	第一关键馏分	第二关键馏分	原油类别
1	石蜡基	石蜡基	石蜡基
2	石蜡基	中间基	石蜡-中间基
3	中间基	石蜡基	中间-石蜡基
4	中间基	中间基	中间基
5	中间基	环烷基	中间-石蜡基
6	环烷基	中间基	环烷-中间基
7	环烷基	环烷基	环烷基

（二）工业分类法

原油的工业分类法又叫商品分类法，可作为化学分类的补充。分类可按相对密度、含硫量、含蜡量、含胶量来分，其分类标准见表 2-4。我国现阶段采用的是关键馏分分类与含硫量分类相结合的分类方法。根据这种分类方法，我国几个主要油田原油的类别见表 2-5。

表 2-4　工业分类法分类标准

按相对密度分类		按含硫量分类		按含蜡量分类		按含胶量分类	
d_4^{20}	原油种类	含硫量	原油种类	含蜡量	原油种类	胶质含量	原油种类
＜0.830	轻质原油	＜0.5%	低硫原油	0.5%～2.5%	低蜡原油	＜5%	低胶原油
0.830～0.904	中质原油	0.5%～2.0%	含硫原油	2.5%～10%	含蜡原油	5%～15%	含胶原油
0.904～0.966	重质原油	＞2.0%	高硫原油	＞10%	高蜡原油	＞15%	多胶原油
＞0.966	特重原油						

表 2-5　我国几种国产原油的分类

原油名称	含硫量（质量分数）/%	第一关键馏分 d_4^{20}	第二关键馏分 d_4^{20}	关键馏分特性分类	建议原油分类
大庆混合油	0.11	0.814(K=12.0)	0.850(K=12.5)	石蜡基	低硫石蜡基
克拉玛依油	0.04	0.828(K=11.9)	0.895(K=11.5)	中间基	低硫中间基
胜利混合油	0.88	0.832(K=11.8)	0.881(K=12.0)	中间基	含硫中间基
大港混合油	0.14	0.860(K=11.4)	0.887(K=12.0)	环烷-中间基	低硫环烷-中间基
孤岛原油	2.06	0.891(K=10.7)	0.936(K=11.4)	环烷基	含硫环烷基

二、原油的评价

对于开采的原油，必须先在实验室进行一系列的分析、试验，进行原油评价。

（一）原油评价的内容和方法

根据评价目的不同，原油评价分为以下四类。

1. 原油性质分析

原油性质分析的目的是在油田勘探开发过程中及时了解单井场、集油站和油库中原油的一般性质，掌握原油性质的变化规律和动态。

2. 简单评价

简单评价的目的是初步确定原油的性质和特点，适用于原油性质普查。

3. 常规评价

常规评价的目的是为一般炼油厂提供设计数据。

4. 综合评价

综合评价的目的是为综合性炼油厂提供设计数据。原油的综合评价包括以下几方面。

（1）原油的一般性质分析　从油田井场、集输站、输油管线或储油库、炼油厂取来的原油，先测其含水量、含盐量和机械杂质。原油含水量如大于0.5%需先脱水。脱水原油需测定密度、黏度、凝点、闪点、残炭、灰分、胶质、沥青质、含蜡量、平均分子量、硫和氮等元素含量、微量金属含量和馏程等数据。

（2）原油馏分组成和窄馏分性质　脱水原油经实沸点蒸馏，初割成若干约为3%窄馏分，得到原油的数据，即原油的馏分组成。测定各窄馏分的密度、运动黏度、凝点、苯胺点、酸度、折射率和硫含量等，并计算特性因数和黏度指数等。

（3）直馏产品的切割与分析　为了提出合理的原油切割方案，按比例配制或重新把原油切割成汽油、煤油、柴油、重整原料、裂解原料以及润滑油馏分等。按产品质量标准要求测定各产品的主要性质，并测定不同拔出深度重油的各种物理性质。减压渣油还需测定针入度、软化点和延度等沥青的质量指标。

（4）汽油、煤油、柴油和重整、裂解、催化裂化原料的组成分析

（5）润滑油、石蜡和地蜡潜含量及其性质分析

（6）测定原油的平衡汽化数据，作出平衡汽化产率与温度关系的曲线

评价数据均以表格或曲线形式列出。原油综合评价的流程如图2-1所示。

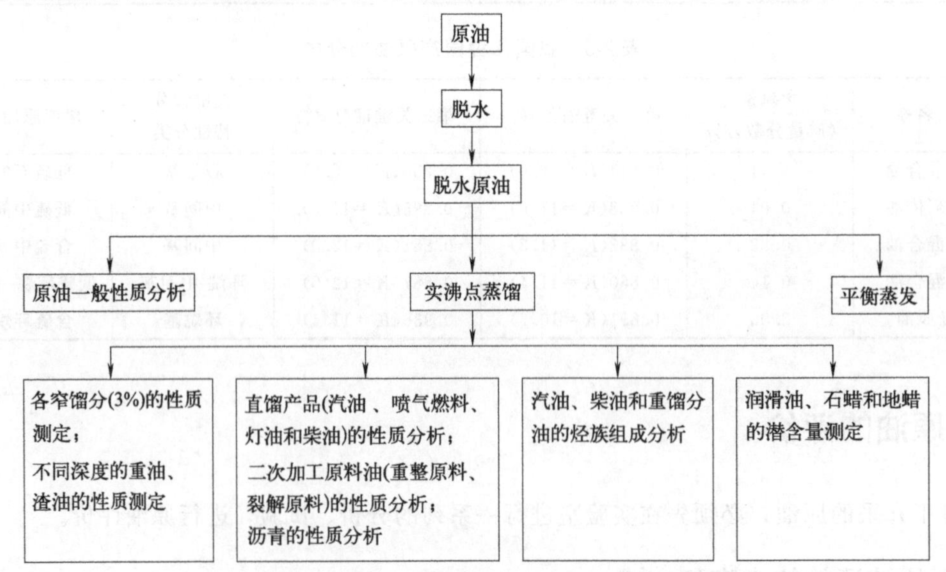

图2-1　原油综合评价的流程

（二）原油实沸点蒸馏及窄馏分性质

1. 实沸点蒸馏

实沸点蒸馏是用来考察石油馏分组成的实验方法。

其试验装置是一种间歇式釜式精馏设备，精馏柱的理论塔板数为 15～17，精馏过程在回流比为 5∶1 的条件下进行。馏出物的最终沸点一般为 500～520℃，釜底残留物为渣油。为避免原油的裂解，蒸馏时釜底温度不得超过 350℃。整个蒸馏过程分为三段进行：常压蒸馏、减压蒸馏（10mmHg）、两段减压蒸馏（1～2mmHg，不带精馏柱）。

2. 实沸点蒸馏曲线和中比性质曲线绘制

① 原油在实沸点蒸馏装置中按沸点高低被切割成多个窄馏分和渣油。一般按每 3%～5%取一个窄馏分。将窄馏分按馏出顺序编号，称重并测量体积，然后测定各窄馏分和渣油的性质。根据表 2-6 的数据可绘制原油的实沸点蒸馏曲线和中比性质曲线，见图 2-2。

② 原油中比性质曲线表示窄馏分的性质随沸点的升高或累计馏出百分数增大的变化趋势。测得的窄馏分性质是组成该馏分的各种化合物的性质的综合表现，具有平均的性质。

表 2-6　大庆原油实沸点蒸馏及窄馏分性质数据

馏分号	沸点范围/℃	占原油质量分数/%		密度(20℃)/(g/cm³)	运动黏度/(mm²/s)			凝点/℃	闪点(开口)/℃	折射率	
		每馏分	累计		20℃	50℃	100℃			n_D^{20}	n_D^{70}
1	初馏～112	2.98	2.98	0.7108	—	—	—	—	—	1.3995	
2	112～156	3.15	6.13	0.7461	0.89	0.64	—	—	—	1.4172	
3	156～195	3.22	9.35	0.7699	1.27	0.89	—	-65	—	1.4350	
4	195～225	3.25	12.00	0.7958	2.03	1.26	—	-41	78	1.4445	
5	225～257	3.40	16.00	0.8092	2.81	1.63	—	-24	—	1.4502	
6	257～289	3.40	19.46	0.8161	4.14	2.26	—	-9	125	1.4560	
7	289～313	3.44	22.90	0.8173	5.93	3.01	—	4	—	1.4565	
8	313～335	3.37	26.27	0.8264	8.33	3.84	1.73	13	157	1.4612	
9	335～355	3.45	29.72	0.8348	—	4.99	2.07	22	—	—	1.4450
10	355～374	3.43	33.15	0.8363	—	6.24	2.61	29	184	—	1.4455
11	374～394	3.35	36.50	0.8396	—	7.70	2.86	34	—	—	1.4472
12	394～415	3.55	40.05	0.8479	—	9.51	3.33	38	206	—	1.4515
13	415～435	3.39	43.44	0.8536	—	13.3	4.22	43	—	—	1.4560
14	435～456	3.88	47.32	0.8686	—	21.9	5.86	45	238	—	1.4641
15	456～475	4.05	51.37	0.8732	—	—	7.05	48	—	—	1.4675
16	475～500	4.52	55.89	0.8786	—	—	8.92	52	282	—	1.4697
17	500～525	4.15	60.04	0.8832	—	—	11.5	55	—	—	1.4730
渣油	＞525	38.5	98.54	0.9375	—	—	—	41	—	—	—
损失	—	1.46	100.0		—		—	—	—	—	—

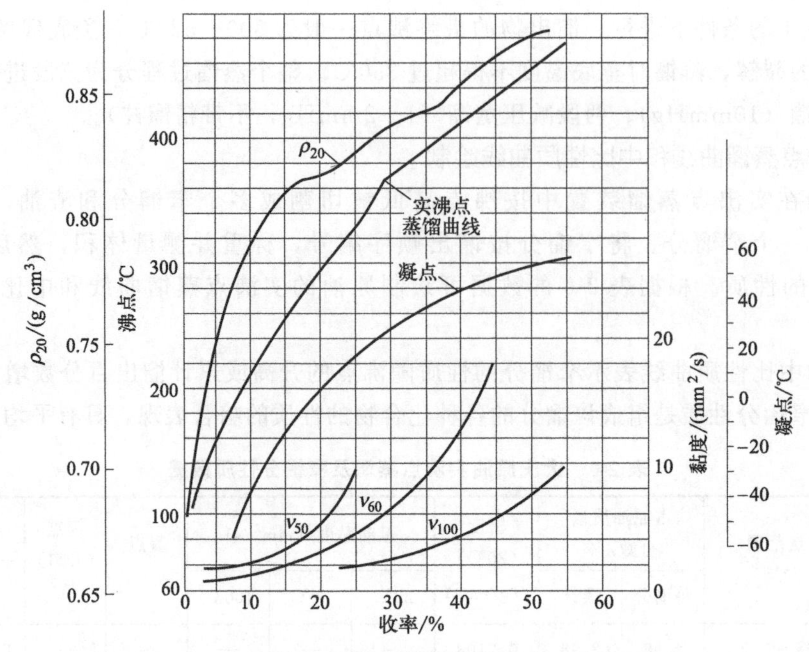

图 2-2　大庆原油实沸点蒸馏曲线和中比性质曲线

（三）直馏产品的性质及产率曲线

直馏产品一般是较宽的馏分，为了获得其较准确的性质数据并作为设计和生产的依据，必须由实验实际测定。通常的做法为：

① 先由实沸点蒸馏将原油切割成多个窄馏分和残油。

② 然后根据产品的需要把相邻的几个馏分按其在原油中的含量比例混合，测定该混合物的性质。也可以直接由实沸点蒸馏切割得到相应于该产品的宽馏分，测定该宽馏分的性质。

③ 对直馏汽油和残油，可以根据实验数据绘制它们的产率-性质曲线（见图 2-3 和图 2-4）。产率-性质曲线与表示平均性质的中比性质曲线不同，它表示的是累积的性质。线上的某一点表示相应于该产率下的汽油或残油的性质。

在得到了原油实沸点蒸馏数据和曲线、中比性质曲线以及直馏产品的产率-性质数据和曲线以后，完成原油的初步评价，为制定原油蒸馏方案提供了依据。

原油蒸馏分割方案确定的基本方法就是将上述各种馏分的产率-性质数据与各种油品对应的规格指标进行比对，然后确定从原油中可生产哪些产品以及各种产品的切割温度，同时也就知道所得产品的性质。

三、原油的加工方案

原油加工方案的确定取决于市场需要、经济效益、投资力度、原油的特性等因素。原油的综合评价结果是选择原油加工方案的基本依据，主要目标是提高经济效益和满足市场需要。

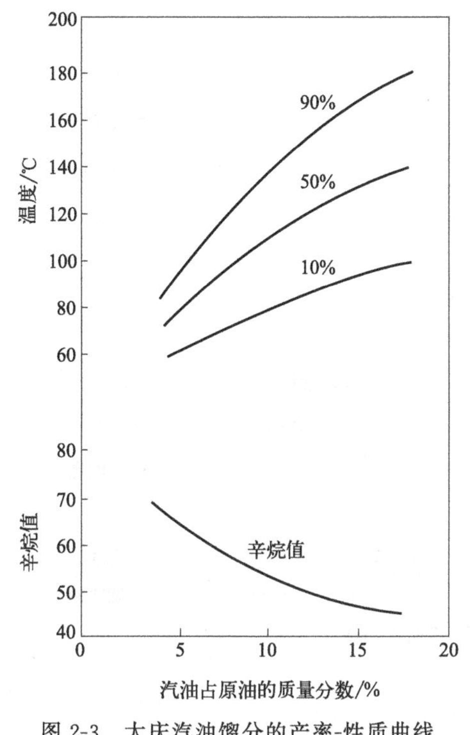

图 2-3　大庆汽油馏分的产率-性质曲线

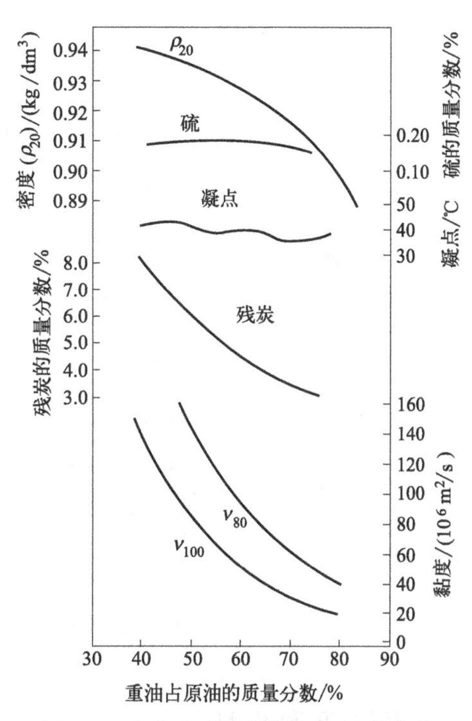

图 2-4　大庆重油馏分的产率-性质曲线

根据生产目的不同原油加工方案大体上可以分为燃料型、燃料-润滑油型、燃料-化工型等三个基本类型。

（一）燃料型

主要产品用作燃料的石油产品。除了生产部分重油燃料油外，减压馏分油和减压渣油通过各种轻质化过程转化为各种轻质燃料。

以胜利原油为例：

① 胜利原油是含硫中间基原油，硫含量 1%左右。加工方案中应充分考虑原油含硫的问题。

② 直馏汽油的辛烷值为 47，初馏点～130℃馏分中芳烃含量高，是重整的良好原料。

③ 喷气燃料馏分的密度大、结晶点低，可以生产 1 号喷气燃料，但必须脱硫醇，而且由于芳烃含量较高，应注意无烟火焰高度的规格要求。

④ 直馏柴油的柴油指数较高、凝点不高。可以生产－20 号、－10 号、0 号柴油及舰艇用柴油。由于含硫量及酸值较高，产品须适当精制。

⑤ 减压馏分油的脱蜡油黏度指数低，而且含硫量及酸值较高，不易生产润滑油，可以用作催化裂化或加氢裂化的原料。

⑥ 减压渣油的黏温性不好而且含硫，也不宜用来生产润滑油，但胶质、沥青质含量较高，可以用于生产沥青产品。残炭值和重金属含量都较高，只能少量掺入到减压馏分油中作为催化裂化原料，最好是先经加氢处理后再送去催化裂化。由于加氢处理的投资高，一般多用作延迟焦化的原料。由于含硫，所得的石油焦品级不高。

根据评价，胜利原油多采用燃料型加工方案，见图 2-5。

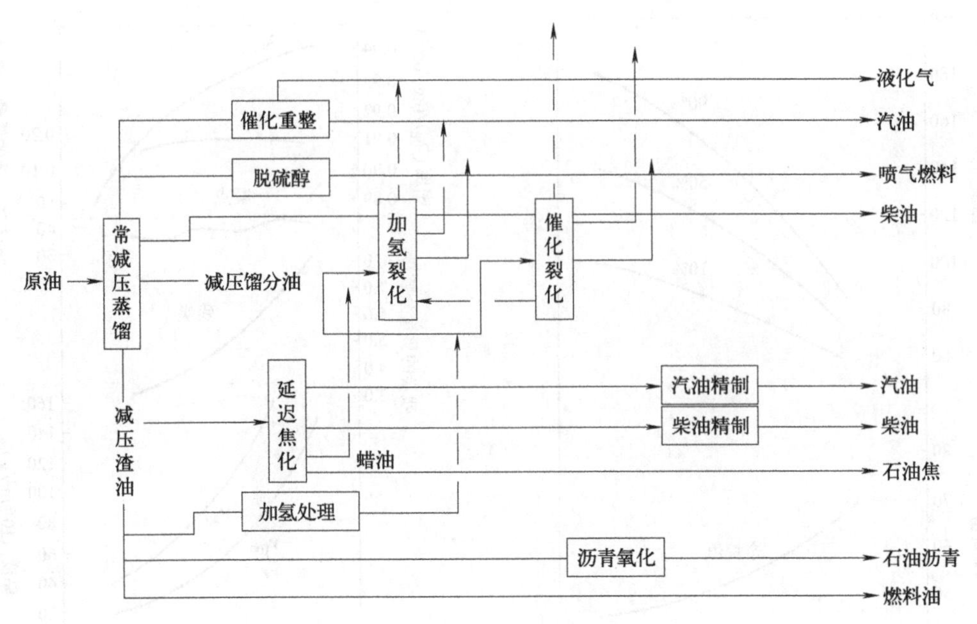

图 2-5 胜利原油的燃料型加工方案

（二）燃料-润滑油型

除了生产用作燃料的石油产品外，部分或大部分减压馏分油和减压渣油还被用于生产各种润滑油产品。

以大庆原油为例：

① 大庆原油属于低硫石蜡基原油。其主要特点是含蜡量高、凝点高、沥青质含量低、重金属含量低、硫含量低。

② 大庆原油的直馏汽油或重整原料馏分含量较少。汽油馏分烷烃和环烷烃含量高，芳烃含量低，辛烷值低只有 37，不可直接使用，可作为汽油调和组分或通过催化重整提高辛烷值。

③ 大庆原油喷气燃料馏分的密度较小、结晶点高。所以只能生产 2 号喷气燃料。

④ 180～300℃馏分芳香烃含量较低，无烟火焰高度大，含硫较少，经适当精制可得到高质量的灯用煤油。

⑤ 直馏柴油的十六烷值高，柴油指数高达 70 以上，燃烧性能良好，但其收率受凝点的限制。煤油、柴油馏分含烷烃多，是制取乙烯的良好原料。

⑥ 350～500℃减压馏分的润滑油潜含量约占原油的 15%。饱和烃加轻芳烃的黏度指数大于 100，加入中芳烃后，黏度指数仍然在 100 左右。所以，大庆原油 350～500℃馏分是生产润滑油的良好原料。

⑦ 减压渣油（>500℃）约占原油的 40%，密度 0.9209g/cm^3，硫含量低，沥青质和重金属含量低、饱和分含量高，可掺入减压馏分油作为催化裂化原料，也可经丙烷脱沥青及精制生产残渣润滑油。减压渣油含沥青质和胶质较少而蜡含量较高，难以生产高质量的沥青产品。

根据评价，大庆原油宜采用燃料-润滑油型加工方案，其加工方案如图 2-6。

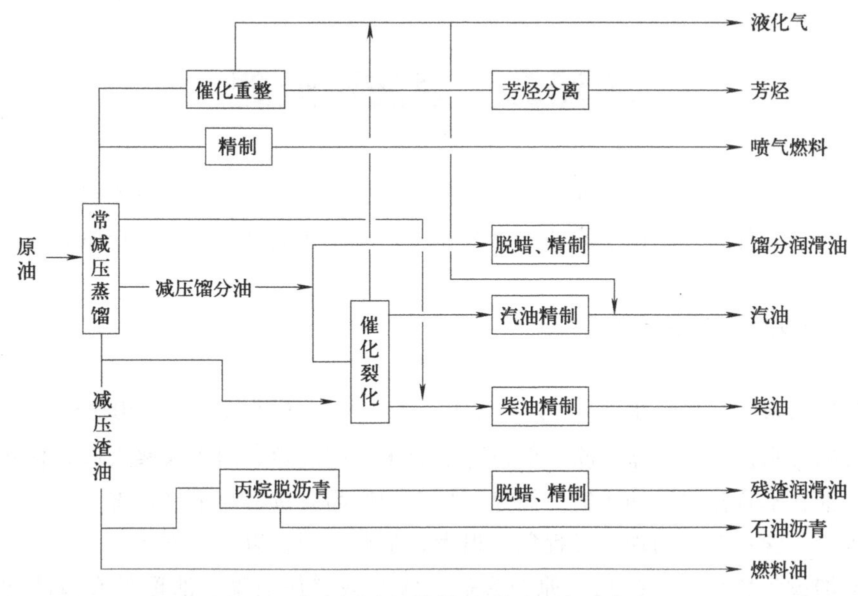

图 2-6　大庆原油的燃料-润滑油型加工方案

（三）燃料-化工型

除了生产燃料产品外，原油还用于生产化工原料及化工产品，例如某些烯烃、芳烃、聚合物的单体等。这种加工方案是合理利用石油资源、提高炼油厂经济效益的重要途径，也是石油加工的发展方向。

炼油厂生产化工产品的程度因原油性质和其他具体条件不同而异。关于化工产品的品类，主要是生产化工原料和聚合物的单体。原油燃料-化工型加工方案如图 2-7 所示。

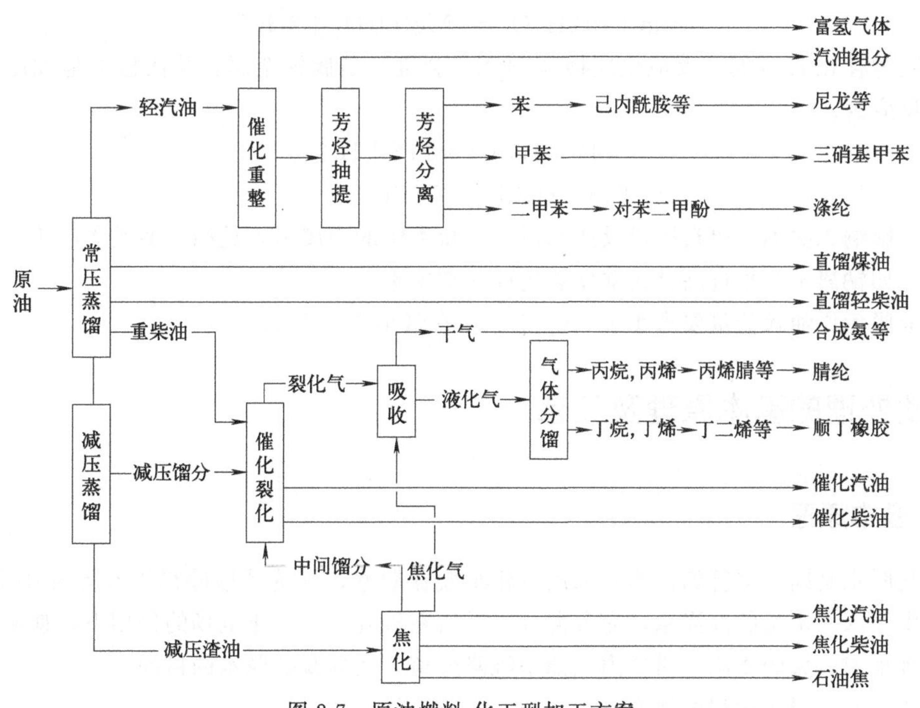

图 2-7　原油燃料-化工型加工方案

单元二　原油预处理

炼油厂常减压装置一般由原油预处理、常压部分、减压部分、瓦斯脱硫部分、加热炉及烟气余热回收部分等组成。由于原油中含有杂质，所以在蒸馏前必须进行原油的预处理。

一、原油预处理的目的

原油开采出来时都伴有水、NaCl、$MgCl_2$、$CaCl_2$ 等无机盐，在油田原油要经过脱水和稳定，把大部分水及水中的盐脱除，但仍有部分水不能脱除，因为这些水以乳化状态存在于原油中，原油含水含盐对原油运输、储存、加工和产品质量都会带来危害。

原油含盐、含水对石油加工过程危害很大，主要表现在以下几方面。

(1) 增加设备热负荷和能耗　原油含盐、含水会增加油罐、油罐车或输油管线、机械泵、蒸馏塔、加热炉、冷却器等设备的负荷，增加动力、热能和冷却水等的消耗。

(2) 影响常减压蒸馏的平稳操作　含水过多的原油，水分汽化，气相体积大增，造成蒸馏塔内压降增大，气速过大，易引发冲塔等操作事故。

(3) 影响设备正常运行　随着水分蒸发，原油中盐分在换热器和加热炉管壁上形成盐垢，减小传热效率，增大流动阻力，严重时导致管路堵塞，烧穿管壁，造成事故。

(4) 造成设备严重腐蚀　$CaCl_2$ 和 $MgCl_2$ 能水解生成具有强腐蚀性的 HCl，会腐蚀设备，缩短开工周期。其反应为：

$$CaCl_2+2H_2O=\!=\!=Ca(OH)_2+2HCl$$

$$MgCl_2+2H_2O=\!=\!=Mg(OH)_2+2HCl$$

如同时存在 HCl 时，反应生成物为 H_2S，会进一步腐蚀金属，从而极大地加剧设备腐蚀。其反应为：

$$Fe+H_2S=\!=\!=FeS+H_2$$

$$FeS+2HCl=\!=\!=FeCl_2+H_2S$$

(5) 影响二次加工原料质量及产品质量　盐类中的金属进入重馏分油或渣油中，会毒害催化剂，如钠离子含量过高会使催化裂化催化剂中毒。

目前脱后原油含盐量要求小于 3mg/L，含水量小于 0.2%。

二、预处理的基本原理及工艺

(一) 基本原理

脱盐脱水是同时进行的。通常采用电化学脱盐脱水，即为了脱除悬浮在原油中的盐粒，在原油中注入一定量的洗涤水，充分混合，然后在破乳剂和高压电场的作用下，使微小的水滴逐步聚集成较大的水滴，借重力从油中沉降分离，达到脱盐脱水的目的。

电化学脱盐脱水过程要注意：

（1）加快水滴的沉降速度　原油乳化液通过高压电场时，在分散相中水滴相互碰撞而合成大水滴，加速沉降。

（2）原油和水的相对密度　水滴直径越大，原油和水的相对密度差越大，温度越高，原油黏度越小，沉降速度越快。当水滴直径小到其下降速度小于原油上升速度时，水滴就不能下沉，而随油上浮，达不到沉降分离的目的。

（二）工艺流程

根据装置所加工原油含盐量的高低、易乳化程度不同以及对脱盐后原油含盐量控制指标的要求，可采用一级脱盐、二级脱盐、三级脱盐。我国各炼厂大都采用两级脱盐脱水流程，如图 2-8 所示。

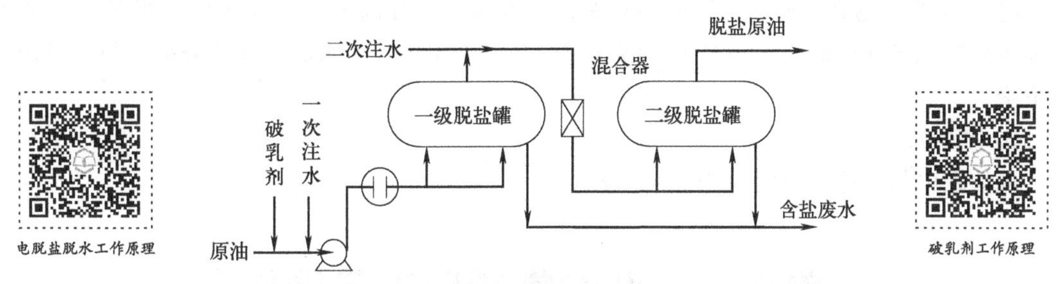

图 2-8　两级脱盐脱水流程

原油自油罐抽出后，先与淡水、破乳剂按比例混合，加热到规定温度后，送入一级脱盐罐，一级电脱盐的脱盐率在 90%～95%之间。在进入二级脱盐之前，仍需注入淡水，一次注水是为了溶解悬浮的盐粒，二次注水是为了增大原油中的水量，以增大水滴的偶极聚结力。脱水原油从脱盐罐顶部引出进入换热、蒸馏系统，脱除的含盐污水从罐底排出，进入污水处理装置。

（三）工艺操作控制

应针对不同原油的性质、含盐量多少和盐的种类，合理选择不同的电脱盐工艺参数。在达到脱后原油含盐量、含水量及排水含油量要求的前提下，要尽量节省电耗和化学药剂。

1. 温度（一般选在 105~160℃）

温度升高可降低原油的黏度和密度以及乳化液的稳定性，可使水的沉降速度增加。若温度过高（>160℃），油与水的密度差反而减小，也不利于脱水。同时，原油的电导率随温度的升高而增大，所以温度太高不但不会提高脱水、脱盐的效果，反而会因脱盐罐电流过大而跳闸，影响正常送电。

2. 压力（一般为 0.8~2MPa）

脱盐罐需在一定压力下进行，以避免原油中的轻组分汽化，引起油层搅动，影响水的沉降分离。操作压力视原油中轻馏分含量和加热温度而定。

3. 注水量及注水的水质（注水量一般为 5%~12%）

在脱盐过程中，注入一定量的水与原油混合，将增加水滴的密度，使之更易聚结，同时注水还可以破坏原油乳化液的稳定性，对脱盐有利。一次注水量对脱后原油含盐量影响极大。这是因为一级电脱盐罐主要脱除悬浮于原油中及大部分存在于油包水型乳化液中的原油盐，而二级电脱盐罐主要脱除存在于乳化液中的原油盐。

4. 破乳剂和脱金属剂

破乳剂的用量一般是10～30μg/g。

破乳剂是影响脱盐率的最关键因素之一。原油中杂质变化很大，而石油加工工业对馏分油质量的要求越来越高。一般采用二元以上组分构成的复合型破乳剂。

脱金属剂进入原油后能与某些金属离子发生螯合作用，使其从油相转入水相再加以脱除。这种脱金属剂对原油中的Ca^{2+}、Mg^{2+}及Fe^{2+}的脱除效果很好，并减少了原油中的导电离子，降低了原油的电导率，也使脱盐的耗电量有所降低。

5. 电场梯度

强电场梯度为700～1000V/cm，弱电场梯度为150～300V/cm。

电场梯度E越大，两小水滴间的凝聚力f越大。但提高E有一定限度。当E大于或等于临界分散电场梯度时，水滴受电分散作用，使已聚集的较大水滴又开始分散，脱水脱盐效果下降。

6. 停留时间

原油在电场中停留时间为2min比较适宜。

单元三　原油常减压工艺操作

原油常减压蒸馏是石油加工的第一道工序，主要作用是将原油进行初步分离。依次使用常压蒸馏和减压蒸馏的方法，将原油按照沸程范围切割成汽油、煤油、柴油、润滑油原料、裂化原料和渣油，其能耗、收率和分离精确度对全厂和下游加工装置的影响很大。大幅提高常减压蒸馏装置馏出油量、减少渣油量、提高原油的总拔出率，可获得轻质直馏油品以及为二次加工和三次加工提供更多的原料油。

一、原油蒸馏的基本形式

蒸馏是将液体混合物加热后，其中的轻组分汽化，把它导出进行冷凝，达到轻重组分分离的目的。蒸馏依据的原理是混合物中各组分沸点的不同。

蒸馏有多种形式，可归纳为闪蒸（平衡汽化或一次汽化）、简单蒸馏（渐次汽化）和精馏三种。

闪蒸塔

① 闪蒸过程是将液体混合物进料加热至部分汽化，经过减压阀，在一个容器（闪蒸罐、蒸发塔）内，于一定温度、压力下，使气液两相迅速分离，得到相应的气相和液相产物。

② 简单蒸馏常用于实验室或小型装置，它属于间歇式蒸馏过程，分离程度不高。

③ 精馏是在精馏塔内进行的，塔内装有用于气液两相分离的内部构件，可实现液体混合物轻重组分的连续高效分离，是原油分离的有效手段。

简单蒸馏

精馏

二、石油及其馏分的汽液平衡

石油工业中蒸馏过程并不要求从石油或石油馏分中分离出单体烃，而是通过蒸馏实验来测得数据，再通过换算的方法得到平衡汽化数据，从而确定石油分馏塔内各点温度。

（一）石油及其馏分蒸馏曲线

实验室中可通过三种蒸馏实验来获取石油及石油馏分的汽液平衡关系数据，分别是实沸点蒸馏、恩氏蒸馏和平衡汽化蒸馏。实验所得的结果可用馏分组成表示，也可用蒸馏曲线表示。

1. 恩氏蒸馏曲线

恩氏蒸馏是一种条件性的试验方法。将馏出温度（气相温度）对馏出量（体积分数）作图，就得到恩氏蒸馏曲线（图 2-9）。恩氏蒸馏的本质是渐次汽化，基本上没有精馏作用，因而不能得到油品中各组分的实际沸点，但它能反映油品在一定条件下的汽化性能，而且简便易行，所以广泛用于反映油品汽化性能的一种规格试验。由恩氏蒸馏数据可以计算油品的一部分性质参数，因此它也是油品最基本的物性数据之一。

2. 实沸点蒸馏曲线

实沸点蒸馏是一种实验室间歇精馏。如果一个精馏设备的分离能力足够高，则可以得到混合物中各个组分的量及对应的沸点，所得数据在一张馏出温度-馏出体积分数的图上标绘，可以得到一条阶梯形曲线，不过这是不大容易做到的。因此，油品的实沸点蒸馏曲线只是大体反映各组分沸点变迁情况的连续曲线（图 2-10），主要用于原油评价。

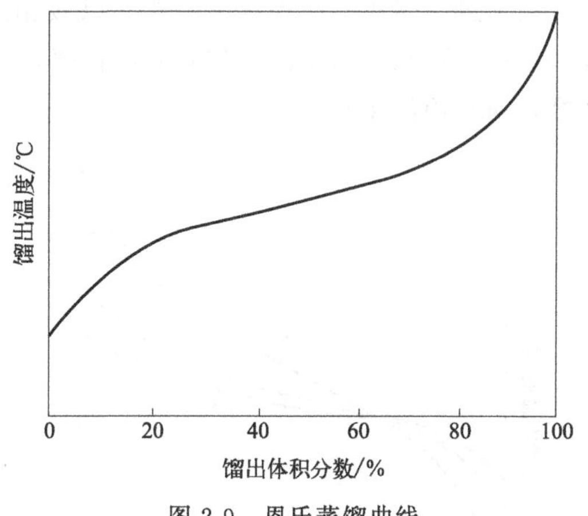

图 2-9　恩氏蒸馏曲线

3. 平衡汽化曲线

在实验室平衡汽化设备中，将油品加热汽化，使气、液两相在恒定的压力和温度下密切接触一段足够长的时间后迅速分离，即可测得油品在该条件下的平衡汽化率。在恒压下选择几个合适的温度（一般至少五个）进行试验，就可以得到恒压下平衡汽化率与温度的关系。以汽化温度对汽化率作图，即可得油品的平衡汽化曲线（图 2-11）。根据平衡汽化曲线，可以确定油品在不同汽化率时的温度、泡点、露点等。

（二）三种蒸馏曲线的比较

将同种油品的三种蒸馏曲线画在同一张图上（图 2-12），可以看出：

① 就曲线的斜率而言，平衡汽化曲线最缓，恩氏蒸馏曲线斜率较大，实沸点蒸馏曲线斜率最大。

② 平衡汽化曲线的初馏点和终馏点之差最小，恩氏蒸馏曲线次之，实沸点蒸馏曲线最大。说明三种蒸馏方法中，实沸点蒸馏的分馏精度最高，恩氏蒸馏次之，平衡汽化效果最差。

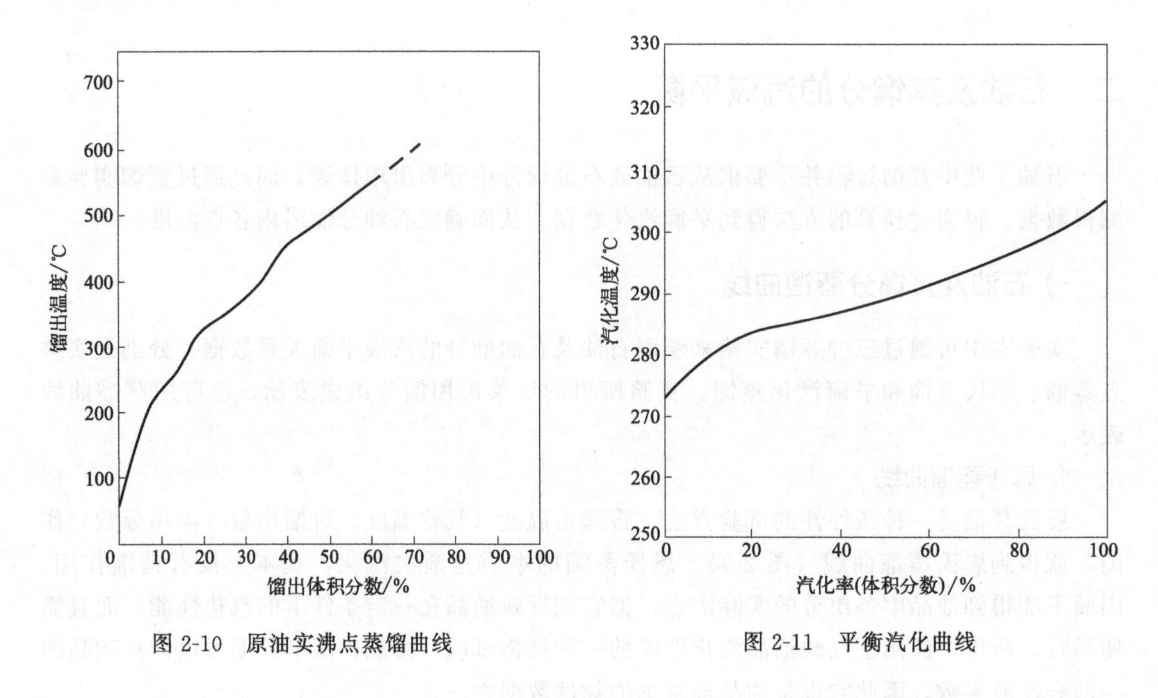

图 2-10　原油实沸点蒸馏曲线　　图 2-11　平衡汽化曲线

为了进一步比较三种蒸馏方式，以液相温度为纵坐标进行标绘，可得图 2-13 所示的曲线。由该图可见：为了获得相同的汽化率，实沸点蒸馏要求达到的液相温度最高，恩氏蒸馏次之，而平衡汽化则最低。

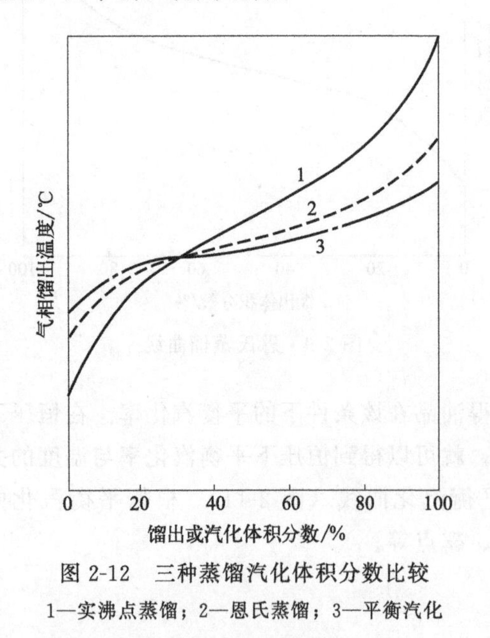

图 2-12　三种蒸馏汽化体积分数比较

1—实沸点蒸馏；2—恩氏蒸馏；3—平衡汽化

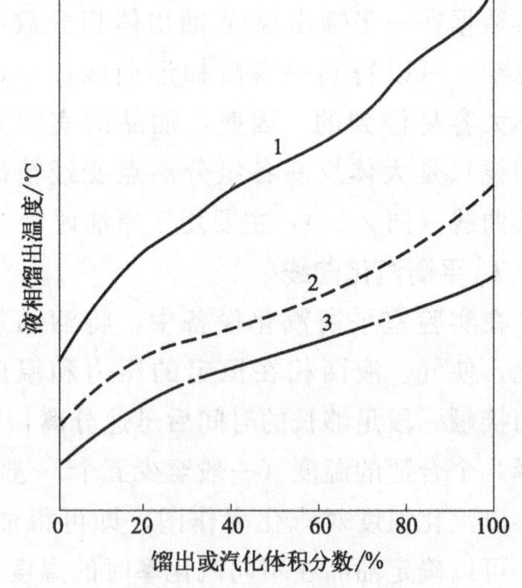

图 2-13　用液相温度为坐标的蒸馏曲线比较

1—实沸点蒸馏；2—恩氏蒸馏；3—平衡汽化

因此，在对分离精确度没有严格要求的情况下，采用平衡汽化可以用较低的温度得到与其他蒸馏方式同等的汽化率。这不但可以减轻加热设备的负荷，而且也减轻或避免了油品因过热分解而引起的质量下降和设备结焦。这就是为什么平衡汽化的分离效率虽然最差却仍然被大量采用的根本原因。

三、原油常减压蒸馏工艺流程

原油蒸馏过程中经过加热汽化的次数称为汽化段数，汽化段数一般取决于原油性质、产品方案和处理量等。原油蒸馏装置汽化段数可分为：一段汽化式、两段汽化式、三段汽化式、四段汽化式等几种。

目前炼油厂最常采用的原油蒸馏流程是两段汽化流程和三段汽化流程。根据产品用途的不同，可将原油蒸馏工艺流程分为以下三种类型。

（一）燃料型

燃料型加工方案的目的产品基本上都是燃料，工艺流程如图 2-14 所示。

从罐区来的原油经过换热，温度达到 105～160℃左右进电脱盐脱水罐进行脱盐脱水。经这样预处理后的原油再经换热到 210～250℃进入初馏塔，塔顶出轻汽油馏分，塔底为拔头原油，拔头原油经换热进常压加热炉至 360～370℃，形成的气液混合物进入常压塔，塔顶出汽油馏分，经冷凝冷却至 40℃左右，一部分作塔顶回流，一部分作汽油馏分。各侧线馏分油经汽提塔汽提出装置，塔底是沸点高于 350℃的常压重油。用热油泵从常压塔底部抽出送到减压炉加热，温度达到 390～400℃后进入减压塔，减压塔顶一般不出产品，直接与抽真空设备连接。侧线各馏分油经换热冷却后出装置作为二次加工的原料。塔底减压渣油经换热、冷却后出装置作为下道工序如焦化、溶剂脱沥青等的进料。

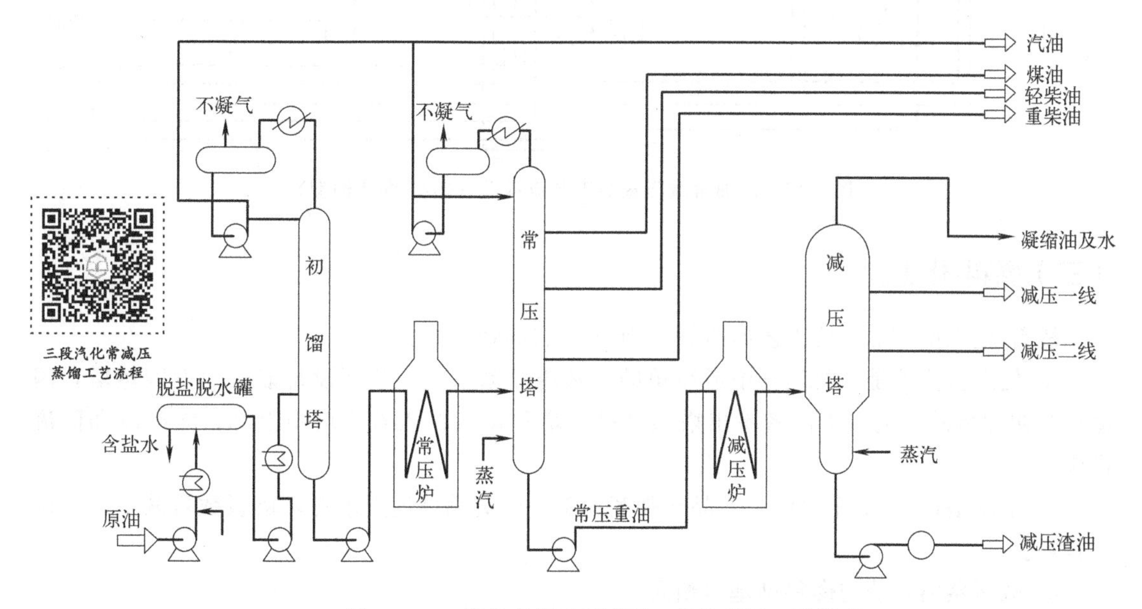

图 2-14　三段汽化常减压蒸馏工艺流程图（燃料型）

（二）燃料-润滑油型

燃料-润滑油型的原油常减压蒸馏工艺流程如图 2-15 所示，它的特点是：

① 常压系统在原油和产品要求方面与燃料型相同时，其流程亦相同。

② 减压系统流程较燃料型复杂，减压塔要出各种润滑油原料组分，故一般设 4～5 个侧线，而且要有侧线汽提塔以满足对润滑油原料馏分的闪点要求，并改善各馏分的馏程范围。

③ 控制减压加热炉出口最高油温不大于 395℃，以免油料因局部过热而裂解，进而影响润滑油质量。

④ 减压蒸馏系统一般采用在减压炉管和减压塔底注入水蒸气的操作工艺。注入水蒸气的目的在于改善炉管内油的流动情况，避免油料因局部过热裂解，降低减压塔内油气分压，提高减压馏分油的拔出率。

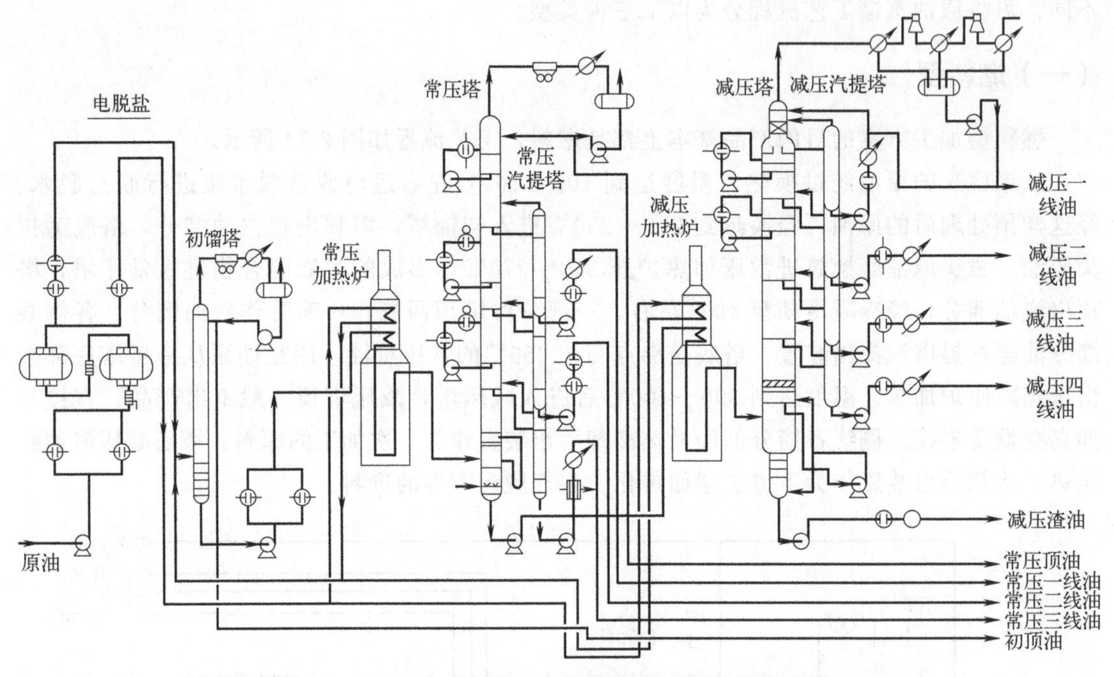

图 2-15　原油常减压蒸馏工艺流程图（燃料-润滑油型）

（三）燃料-化工型

燃料-化工型原油蒸馏工艺如图 2-16 所示。它的特点是：

① 化工型流程是三类流程中最简单的。常压蒸馏系统一般不设初馏塔而设闪蒸塔，闪蒸塔与初馏塔的差别在于前者不出塔顶产品，塔顶蒸气进入常压塔中上部，无冷凝和回流设施。

② 常压塔设 2～3 个侧线，产品作裂解原料，分离精确度要求低，塔板数可减少，不设汽提塔。

③ 减压蒸馏系统与燃料型基本相同。

四、原油常减压蒸馏装置的工艺特征

（一）初馏塔的作用

原油蒸馏是否采用初馏塔应根据具体条件对有关因素进行综合分析后决定。

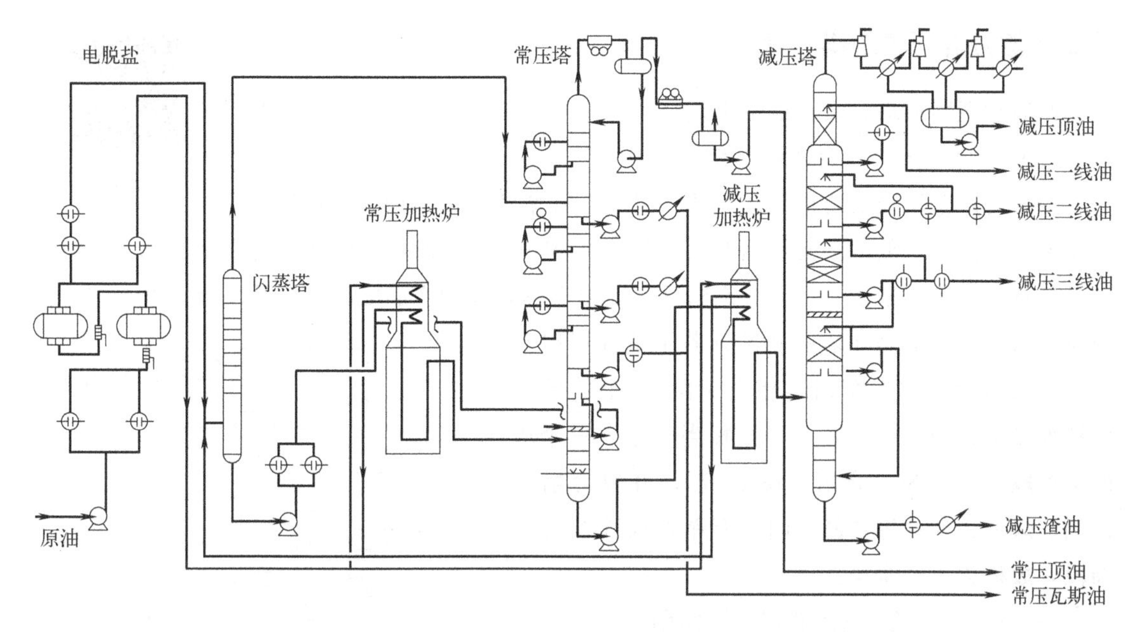

图 2-16　原油常减压蒸馏工艺流程（燃料-化工型）

1. 原油的轻馏分含量

含轻馏分较多的原油经过换热汽化分离出的馏分不必再进入常压炉去加热。有以下作用：

① 能减少原油管路阻力，降低原油泵出口压力；

② 能减少常压炉热负荷，有利于降低装置能耗。

因此，当原油含汽油馏分接近或大于 20%时，可采用初馏塔。

2. 原油脱水效果

当原油因脱水效果波动而引起含水量高时，水能从初馏塔塔顶分出，使常压塔操作免受水的影响，保证产品质量。

3. 原油的含砷量

为了生产重整原料油，可设置初馏塔。重整催化剂极易被砷中毒而永久失活，重整原料油的砷含量要求小于 200μg/g。

重整原料的含砷量不仅与原油的含砷量有关，而且与原油被加热的温度有关。例如初馏塔进料温度约 230℃，只经过一系列换热，不会造成砷化合物的热分解，由初馏塔顶得到的重整原料的含砷量小。若原油加热到 370℃直接进入常压塔，则从常压塔顶得到的重整原料的含砷量通常较高。

4. 原油的含硫量和含盐量

设置初馏塔可使大部分腐蚀转移到初馏塔系统，从而减轻了常压塔顶系统的腐蚀。当加工含硫原油时，在温度超过 160～180℃的条件下，某些含硫化合物会分解而释放出 H_2S，原油中的盐分则可能水解而析出 HCl，造成蒸馏塔顶部、气相馏出管线与冷凝冷却系统等低温部位严重腐蚀。设置初馏塔在经济上是合理的，但是这并不是从根本上解决问题的办法。加强脱盐脱水和防腐蚀措施，可以大大减轻常压塔的腐蚀而不必设初馏塔。

（二）原油常压蒸馏塔的特点

常压塔结构

原油常压精馏塔，具有以下工艺特点。

1. 常压塔是一个复合塔和不完全塔

原油通过常压蒸馏要切割成汽油、煤油、轻柴油、重柴油和重油等几种产品馏分。按照一般的多元精馏办法，需要有 $N-1$ 个精馏塔才能把原料分割成 N 个馏分。但是对石油这种复杂混合物，分离精确度要求不高，两种产品之间需要的塔板数并不多，因而原油常压精馏塔是在塔的侧部开若干侧线以得到多个产品馏分，它的精馏段相当于由 N 个简单塔的精馏段组合而成，而其下段则相当于最下一个塔的提馏段，故称为复合塔（图 2-17）。在复合塔内汽油、煤油、柴油等产品之间只有精馏段而没有提馏段，故称为不完全塔。

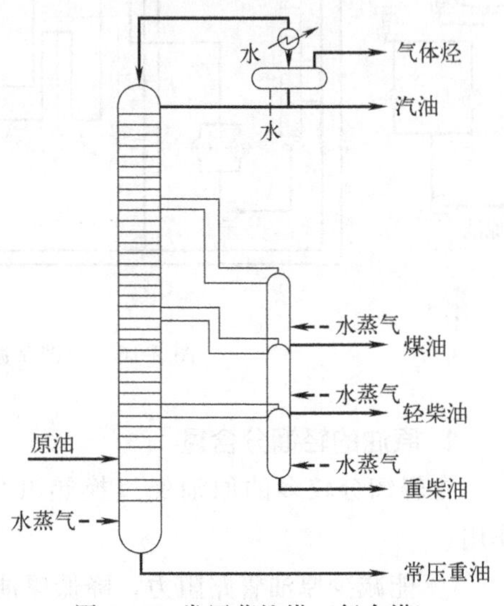

图 2-17　常压蒸馏塔（复合塔）

2. 汽提塔和汽提作用

汽提塔

对石油精馏塔，提馏段的底部常常不设再沸器，因为塔底温度一般在350℃左右，在这样的高温下，很难找到合适的再沸器热源。通常向底部吹入少量过热水蒸气，以降低塔内的油气分压，使混入塔底重油中的轻组分汽化，这种方法称为汽提。

通常在常压塔的旁边设置若干个侧线汽提塔，相互之间是隔开的，侧线产品从常压塔中部抽出，送入该侧线汽提塔的上部，从该塔下部注入水蒸气进行汽提，汽提出的低沸点组分同水蒸气一道从汽提塔顶部引出返回主塔，侧线产品从汽提塔底部抽出送出装置。

汽提通常用400～450℃，约为 3MPa 的过热水蒸气，过热水蒸气量通常为侧线产品的2%～3%（质量分数）。

3. 全塔热平衡

由于常压塔塔底不用再沸器，热量几乎完全来源于加热炉加热的进料。汽提水蒸气（一般约 450℃）虽也带入一些热量，但由于只放出部分显热，且水蒸气量不大，因而这部分热量是不多的。全塔热平衡的情况如下。

① 常压塔进料的汽化率至少应等于塔顶产品和各侧线产品的产率之和，否则不能保证要求的拔出率或轻质油收率。

原料油进塔后的汽化率应比塔上部各种产品的总收率略高一些。高出的部分称为过汽化度。常压塔的过汽化度一般为 2%～4%。实际生产中，只要侧线产品质量能保证，过汽化度低一些是有利的，这不仅可减轻加热炉负荷，而且由于炉出口温度降低可减少油料的裂化。

② 常压塔的回流比是由全塔热平衡决定的，变化的余地不大。常压塔只靠进料供热，而进料的状态（温度、汽化率）又已被规定，可以通过调节再沸器负荷来达到一定的回流比。在常压塔的操作中，如果回流比过大，必然会引起塔的各点温度下降、馏出产品变轻、拔出率下降。

③ 石油蒸馏塔的回流方式有塔顶冷回流、塔顶热回流（饱和液体回流）、塔顶循环回流、中段循环回流、塔底循环回流等方式。

a. 塔顶冷回流：塔顶油气经冷凝冷却后，成为过冷液体，其中一部分打回塔内作回流，称为塔顶冷回流。塔顶冷回流是控制塔顶温度、保证产品质量的重要手段。当只采用塔顶冷回流时，冷回流的取热量应等于全塔总剩余热量。塔顶热回流一定时，冷回流温度越低，需要的冷回流量就越少，但冷回流的温度受冷却介质温度限制。当用水作冷却介质时，常用的汽油冷回流温度一般为 30～45℃。

b. 塔顶热回流：在塔顶装有部分冷凝器，将塔顶气相馏分冷凝到露点后，用饱和液体作回流称为热回流。它只吸收汽化潜热，所以取走同样的热量，热回流量比冷回流量大。塔内各板上的液相回流都是热回流，又称内回流。热回流也能有效地控制塔顶温度，调节产品质量，但由于分凝器安装困难、易腐蚀、不易检修等，所以炼油厂很少采用，常用于小型化工生产。

c. 塔顶循环回流：塔顶循环回流主要应用于以下情况。塔顶回流热量大，考虑回收这部分热量，以降低装置能耗；塔顶馏出物中含有较多的不凝气，使塔顶冷凝冷却器的传热系数降低；要求尽量降低塔顶馏出管线及冷却系统的流动压降，以保证塔顶压力不致过高，或保证塔内有尽可能高的真空度。但采用塔顶循环回流，会降低塔的分离能力，在保证分馏精确度的情况下需要适当增加塔板数，同时也增加了动力（回流泵）消耗。塔顶循环回流如图 2-14 所示。

d. 中段循环回流：在保证产品分离效果的前提下，取走精馏塔中多余的热量，这些热量因温位较高，因而是价值很高的可利用热源。采用中段循环回流的好处是，在相同的处理量下可缩小塔径，或者在相同的塔径下可提高塔的处理能力。

e. 塔底循环回流：循环回流如果设在精馏塔的底部，就称为塔底循环回流。塔底循环回流适用于过热蒸汽进料，同时含有固体杂质的情况（如催化裂化分馏塔、延迟焦化分馏塔），塔底设置洗涤段，通过循环回流取走大量过剩的热量，使部分过热蒸汽冷凝成液体。同时，洗涤下来的固体杂质（催化剂粉尘、焦炭等）由塔底抽出液带出塔外，通过过滤器除去。

4. 恒分子回流的假定完全不适用

在普通的二元和多元精馏塔的设计计算中，为了简化计算，对性质及沸点相近的组分所组成的体系做了恒分子回流的近似假设，即塔内气、液相的摩尔流量不随塔高而变化。这个近似假设对原油常压精馏塔是完全不能适用的。石油是复杂混合物，各组分间的性质可以有很大的差别，它们的摩尔汽化潜热可以相差很远，沸点之间的差别甚至可达几百摄氏度。

5. 塔内气、液相负荷分布不均匀

原油经过加热，一次汽化后进入蒸馏塔，入塔时汽化率除了至少要等于塔顶产品与侧线产品的产率之和以外，还要再加上 2%～4%的过汽化度，以便使进料段上方的最后几块塔板上能维持一定的液体回流量，保证最下一个侧线油的质量。对于原油中的一些轻组分来说，入塔时处于过热气相，而各产物离开蒸馏塔时的温度都低于入塔温度，除塔顶产品为气相之外，各侧线和塔底产品均为液相。由此可见，对蒸馏塔来说，入口热量大于出口热量，大量剩余热除小部分散热损失之外，绝大部分需要靠回流取走，以维持全塔的热量平衡。

全塔剩余热＝入方热量－出方热量

回流取热＝全塔剩余热－塔体散热损失

原油是具有很宽沸程的复杂混合物，各种组分的性质如沸点、分子量等都具有很大的差别，分子汽化潜热也相差很大。在原油常压蒸馏塔内，塔顶和塔底的温度差可达 250℃之多，塔内不符合恒分子回流假定，气、液相负荷沿着塔高有很大的变化幅度。如果只使用塔顶冷回流取热时，塔内液体内回流的摩尔数将自下而上逐渐增大至第一、二块板之间达到最大值，在每个侧线抽出处又有突然的增加。

（三）减压蒸馏塔的工艺特征

常压塔底产物即常压重油，是原油中比较重的部分，沸点一般高于 350℃。而各种高沸点馏分，如裂化原料和润滑油馏分等都存在于其中。要想从重油中分出这些馏分，就需要把温度提到 350℃以上，而在这一高温下，原油中的稳定组分和一部分烃类就会发生分解，降低产品质量和收率。为此，将常压重油在减压条件下蒸馏，蒸馏温度一般限制在 420℃以下。降低压力使油品的沸点相应下降，高沸点馏分就会在较低的温度下汽化，从而避免了高沸点馏分的分解。减压塔是在压力低于 100kPa 的负压下进行蒸馏操作。减压塔要求有尽可能高的拔出率。

1. 减压塔的一般工艺特征

① 降低从汽化段到塔顶的流动压降。这主要通过减少塔板数和降低气相通过每层塔板的压降来实现。

② 降低塔顶油气馏出管线的流动压降。减压塔塔顶不出产品，塔顶管线只供抽真空设备抽出不凝气用。因为减压塔顶没有产品馏出，故只采用塔顶循环回流而不采用塔顶冷回流。

③ 减压塔塔底汽提蒸汽用量比常压塔大，其主要目的是降低汽化段中的油气分压。少用或不用汽提蒸汽的干式减压蒸馏技术有了较大的发展。

④ 降低转油线压降，通过降低转油线中的油气流速来实现。减压塔汽化段温度并不是常压重油在减压蒸馏系统中所经受的最高温度，最高温度的部位是减压炉出口。为了避免油品分解，对减压炉出口温度要加以限制，在生产润滑油时不得超过 395℃，在生产裂化原料时不可超过 400～420℃，同时在高温炉管内采用较高的油气流速以减少停留时间。

⑤ 缩短渣油在减压塔内的停留时间。塔底减压渣油是最重的物料，如果在高温下停留时间过长，则其分解、缩合等反应会进行得比较显著。其结果，一方面生成较多的不凝气使减压塔的真空度下降；另一方面会造成塔内结焦。因此，减压塔底部的直径通常较小，以缩短渣油在塔内的停留时间。此外，有的减压塔还在塔底打入急冷油以降低塔底温度，减小渣油分解、结焦的倾向。

2. 减压塔的抽真空系统

减压塔在塔顶设置了一个抽真空系统，将塔内不凝气、注入的水蒸气和极少量的油气连续不断地抽走，从而形成塔内真空。减压塔的抽真空设备可以用蒸汽喷射器（也称蒸汽喷射泵或抽空器）或机械真空泵。炼油厂的减压塔广泛地采用蒸汽喷射器来产生真空，图 2-18 是常减压蒸馏装置常用的蒸汽喷射器抽真空系统的流程。

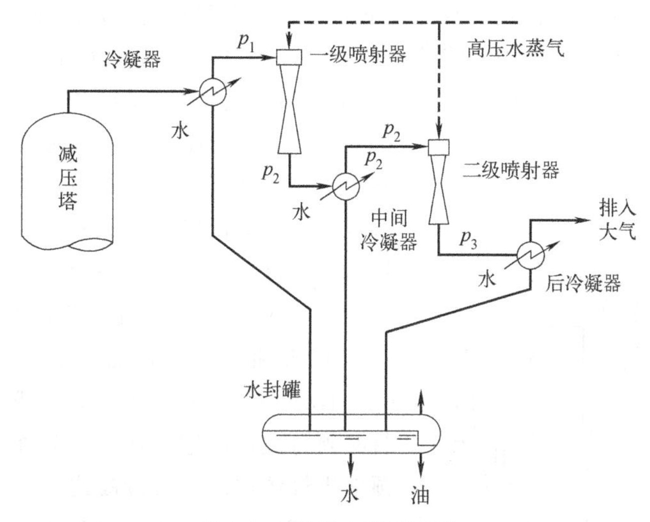

图 2-18 抽真空系统流程

(1) 抽真空系统的流程　减压塔顶出来的不凝气、水蒸气和少量油气，首先进入一个管壳式冷凝器。水蒸气和油气被冷凝后排入水封池，不凝气则由一级喷射器抽出，从而在冷凝器中形成真空。由一级喷射器抽来的不凝气再排入中间冷凝器，将一级喷射器排出的水蒸气冷凝。不凝气再由二级喷射器抽走而排入大气。为了消除因排放二级喷射器的蒸汽所产生的噪声及避免排出的蒸汽的凝结水洒落在装置平台上，通常再设一个后冷凝器将水蒸气冷凝而排入水封罐，而不凝气则排入大气。

冷凝器是在真空下操作的。为了使冷凝水顺利地排出，排出管内水柱的高度应足以克服大气压力与冷凝器内残压之间的压差以及管内的流动阻力。通常此排液管的高度应在 10m 以上，在炼油厂俗称此排液管为大气腿。

图 2-18 中的冷凝器是采用间接冷凝的管壳式冷凝器，故通常称为间接冷凝式二级抽真空系统。它的作用在于使可凝的水蒸气和油气冷凝而排出，从而减轻喷射器的负荷。冷凝器本身并不形成真空，因为系统中还有不凝气存在。另外，最后一级冷凝器排放的不凝气中，气体烃（裂解气）占 80%以上，并含有硫化物气体，会造成大气污染和可燃气的损失。国内外炼油厂都开始回收这部分气体，把它用作加热炉燃料，既节约燃料，又减少了对环境的污染。

(2) 蒸汽喷射器　蒸汽喷射器（或蒸汽喷射泵）如图 2-19 所示。

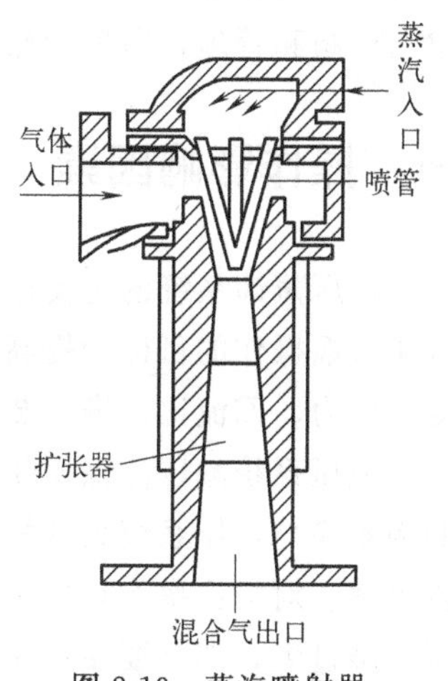

图 2-19 蒸汽喷射器

蒸汽喷射器由喷嘴、扩张器和混合室构成。高压工作蒸汽进入喷射器中，先经收缩喷嘴将压力能变成动能，在喷嘴出口处可以达到极高的速度（1000～1400m/s），使混合室形成高度真空。不凝气从进口处被抽吸进来，在混合室内与驱动蒸汽混合并一起进入扩张器，扩张器中混合流体的动能又转变为压力能，使压力略高于大气压，混合气才能从出口排出。

（3）增压喷射器　在抽真空系统中，不论是采用直接混合冷凝器、间接冷凝器还是空冷器，其中都会有水存在。水在其本身温度下有一定的饱和蒸气压，故冷凝器内总是会有若干水蒸气。因此，理论上冷凝器中所能达到的残压最低只能达到该处温度下水的饱和蒸气压。

减压塔顶所能达到的残压应在上述的理论极限值上加上不凝气的分压、塔顶馏出管线的压降、冷凝器的压降。所以减压塔顶残压要比冷凝器中水的饱和蒸气压高，当水温为20℃时，冷凝器所能达到的最低残压为0.0023MPa。此时减压塔顶的残压就可能高于0.004MPa。

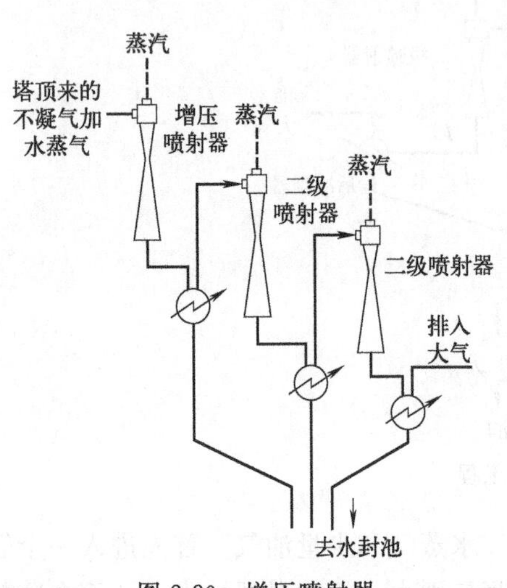

图2-20　增压喷射器

实际上20℃的水温是容易达到的，二级或三级蒸气喷射抽真空系统，很难使减压塔顶达到0.004MPa以下的残压。如果要求更高的真空度，就必须打破水的饱和蒸气压这个极限。因此，在塔顶馏出气体进入一级冷凝之前，再安装一个蒸气喷射器使馏出气体升压，如图2-20所示。

由于增压喷射器前面没有冷凝器，所以塔顶真空度就能摆脱水温限制，相当于增压喷射器所能造成的残压加上馏出线压力降，使塔内真空度达到较高程度。但是由于增压喷射器消耗的水蒸气往往是一级蒸汽喷射器消耗蒸气量的四倍左右，故一般只用在夏季、水温高、冷却效果差、真空度很难达到要求的情况下或干式蒸馏情况下。

单元四　原油常减压蒸馏装置的操作与控制

生产装置要达到高处理量、高收率、高质量和低消耗的目标，就要调控影响这一目标的因素，主要有工艺技术和方法、设备的性能和结构、过程的控制和管理，其中实际生产过程中的控制和管理，即生产操作技术的好坏尤为重要。

一、操作影响因素

常压蒸馏系统的主要过程是加热、蒸馏和汽提。主要设备有加热炉、常压塔和汽提塔。常压蒸馏操作的目标为提高分馏精确度和降低能耗。影响这些目标的工艺操作条件主要有温度、压力、回流比、塔内蒸气线速度、水蒸气吹入量以及塔底液面等。

减压系统减压蒸馏操作的主要目标是提高拔出率和降低能耗。因此，影响减压系统操作的因素除与常压系统大致相同外，还有真空度。在其他条件不变时，提高真空度，即可增加拔出率。对拔出率有直接影响的压力是减压塔汽化段的压力。如果上升蒸气通过上部塔板的压力降过大，那么要使汽化段有足够高的真空度是很困难的。影响汽化段真空度的主要因素有：塔板压力降、塔顶气体导出管的压力降、抽空设备的效能、抽空器使用的水蒸气压力、大气冷凝器用水量及水温的变化、炉出口温度、塔底液面的变化。

二、主要操作参数的调节控制

中国石油某炼厂常减压蒸馏装置主要工艺参数指标见表2-7。

表2-7　中国石油某炼厂常减压蒸馏装置主要工艺参数指标

项目	单位	指标	项目	单位	指标
电脱盐罐压力	MPa	1.0～1.8	减压炉总出口温度	℃	390±1
电脱盐罐进口温度	℃	105～135	减压炉出口温差	℃	6
初馏塔顶温度	℃	110～120	减压炉炉膛负压	kPa	−35～−5
初馏塔顶压力	MPa	−0.25～0.10	减压炉炉膛温度	℃	≤760
初馏塔底液位	%	30～70	减二线产品出装置温度	℃	50～80
常压塔顶温度	℃	90～110	减三线产品出装置温度	℃	50～80
常压塔顶压力	MPa	0.01～0.06	减四线产品出装置温度	℃	60～90
常压塔底液位	%	30～70	减五线产品出装置温度	℃	60～90
减压塔顶温度	℃	30～70	缓蚀剂注入量	10^{-6}	30～60
减压塔顶真空度	kPa	≥73	电精制罐压力	MPa	0.79
减压塔底液位	%	30～70	塔顶注水量	m^3/h	1～5
常压炉总出口温度	℃	360±1	氮水浓度	%	0.01～0.05
常压炉出口温差	℃	5	电脱盐注水量	m^3/h	4～8
常压炉炉腔负压	kPa	−35～−5	电脱盐注破乳剂量	10^{-6}	10～20
常压炉炉脖温度	℃	≤760	电脱盐电压	kV	0.9～1.9

（一）电脱盐系统

1. 电脱盐罐操作温度

从原油进装置到电脱盐罐，这一段原油的换热流程称为原油的一段换热系统；从电脱盐罐到初馏塔之间原油的换热流程称为原油的二段换热系统；从初馏塔到常压炉之间原油的换热流程，称为原油的三段换热系统。原油的一段换热系统终温，取决于此段流程中换热器热流的流量及温降程度。

电脱盐罐的操作温度除了与一段换热系统有关外，还与进装置原油的初始温度变化有关。为避免脱盐罐温度大幅度波动，一般变化温度不应超过2℃/15min，脱盐的最佳温度通常为120～140℃。

2. 电脱盐罐压力

脱盐罐内压力必须维持在高于操作温度下原油和水的饱和蒸气压。一般电脱盐罐内压力控制在1.6MPa以上。如果有三级罐串联，则二级罐要高于1.7MPa，一级罐要高于1.8MPa，驱动原油需要罐间保持一定的压差。

罐间的静态混合器混合强度也需要消耗一定的压差。以一级罐为例，因为破乳剂和脱金属剂的注入量太小，对罐内压力的影响可以忽略不计。

3. 电脱盐罐水的界位

高的水位不但会缩短原油在弱电场中的停留时间，对脱盐不利，而且水位过高会导致电场短路跳闸。水位过低，会造成脱水带油。一般油水界位控制在25%～35%的范围内，采用较低的水位是为了防止电脱盐罐跳闸。

电脱盐罐的进水与出水达到平衡时，水位将保持不变。进水来源有原油中自带的饱和盐水和原油在进入电脱盐罐前的注水。出水也包括脱盐原油中所携带的微量水分（在正常电脱盐工况下，这部分水分所占比例不大，可以忽略不计）和电脱盐罐底部的排放水。

（二）初馏塔系统

1. 初馏塔顶温度

保持初馏塔顶压力不变，塔顶温度变化影响着初顶产品（初顶汽油）的终馏点，一般初馏塔顶温度控制在115～120℃范围内。

初馏塔底部的进料是初馏塔热量的唯一来源，其温度约为220℃，因为其流量大，所以温度即使有微小的波动，也会引起初馏塔顶温度很大的变化。初馏塔进料温度主要与原油二段换热系统中各个换热器的换热效果有关，这些换热器的热流正副线流量、温度变化直接影响着原油二段换热终温，即初馏塔进料温度。

初馏塔顶压力升高，一方面因为减小了进料口到塔顶的压降而降低了塔内部的上升气速，另一方面因提高了塔内的油气分压，相当于提高了各个组分的沸点，这样，高温的较重组分就无法汽化上升到达塔顶而使塔顶温度下降（热量的载体是上升的油气）。

2. 初馏塔顶压力

保持初馏塔顶温度不变，塔顶压力变化影响着初顶产品（初顶汽油）的终馏点，一般初馏塔顶压力（表压）控制在0.20～0.25MPa的范围内。

初顶温度的升高，会造成塔顶轻组分的汽化率增大，因此塔顶的气相负荷变大，塔顶压力随之升高。初馏塔顶冷回流温度一般在40℃左右，返塔后大部分会汽化，如果其返塔冷回流流量增大，将会造成塔顶气相负荷增大，压力随之升高。同理，塔顶冷回流中含水量增大，水分进入塔内后汽化，塔顶气相负荷增大，压力随之升高。

3. 初馏塔底液位

初馏塔底液位稳定是常压系统实现平稳运行的前提条件。一般地，初馏塔底液位控制在50%±10%的范围内。对于初馏塔底液位，初馏塔底进料即原油泵的出口流量，出料有初馏塔底泵外排流量和初馏塔内塔底进料的汽化上升量，所以初馏塔底物料是否平衡，只要考虑这三点即可。

4. 初顶中间罐水位控制

塔顶冷回流带水是初馏塔以及其他蒸馏塔操作较为棘手的问题之一，为了避免塔顶回流带水，必须稳定初顶中间罐的水位，一般控制在50%±10%范围内。

根据物料平衡的原理，初顶罐的排水量等于罐进料中的水含量，即可稳定初顶罐的水位平衡。初顶罐的排水量，要考虑塔顶注缓蚀剂液中的水含量，而且根据装置的运行时段及塔顶挥发线腐蚀程度，会相应加大缓蚀剂的注入强度，或者为了稀释塔顶酸液的浓度，有些炼厂常减压蒸馏装置会配置另外加注塔顶新鲜水的工艺，这样相当于加大了初顶罐的进水量，此时应及时调节排水量，以稳定初顶罐的水位。

5. 初馏塔顶汽油终馏点

常减压蒸馏装置直馏汽油终馏点一般控制在不大于170℃。

一定的塔顶压力会对应一定的塔内汽化率，塔顶压力升高，会升高轻组分的沸点，整体上降低轻组分的汽化率，相当于降低了塔顶产品的馏出率，进而降低初顶汽油的终馏点。同样，一定的塔顶温度，也对应着一定的汽化率，塔顶温度升高，轻组分汽化率增大，塔顶馏出的产品就会增多，初顶汽油的终馏点则升高。

初顶汽油的终馏点，还与初馏塔内的气速有关，只是受塔内气速的影响不是很大。一般认为，初馏塔内气速增大，会出现重组分被携带至塔顶馏出的现象，由于初顶汽油中掺入了重组分，终馏点略微升高。初馏塔内上升气速稳定，进料性质也稳定后，初顶汽油的终馏点会随着其产率的变化而变化。产率增大，初顶汽油的终馏点将会升高。

（三）常压塔系统

1. 常压塔顶温度

保持常压塔顶（常顶）压力不变，塔顶温度变化影响着常顶产品（常顶汽油）的终馏点，一般常压塔顶温度控制在120℃附近，常顶汽油比初顶汽油的产率低。经过常压炉加热后的进料所提供的热量，是常压塔唯一的热源，进料的温度直接影响到整个大塔的温度。进料温度降低，则大塔各个温位均会下降。另外，进料温度也与原油三段换热系统的终温变化有关，在原油三段换热系统中，冷热流流量及温度、热流正副线流量比例都会影响常压塔进料温度。

2. 常压塔顶压力

保持常压塔顶温度不变，塔顶压力变化影响着常顶产品（常顶汽油）的终馏点，一般常压塔顶压力（表压）控制在0.01～0.06MPa的范围内。

塔顶温度升高，会有更多的组分汽化而冲至塔顶，塔顶的气相负荷变大，塔顶压力将升高。无论是大塔塔底注汽，还是侧线汽提塔注汽，所有的蒸汽将全部上升至常压塔顶。如果注汽量增大，则塔顶气相负荷变大，塔顶压力将会上升。但是，影响塔顶气相负荷的主要组分是油气，蒸汽只占很小一部分比例，一般在使用塔底注汽和侧线汽提塔注汽工艺时，主要是为了汽提侧线及塔底烃类的轻组分，增加油品产量，调节油品闪点，而不是为了调节大塔顶部的压力。

3. 常压塔底液面

常压塔底液位稳定是减压系统平稳操作的前提条件，一般常压塔底液位控制在50%±10%的范围内。常压塔底进料即初馏塔底泵出口流量，而出料有常压塔底泵出口流量和常压塔内部的汽化上升量。所以，常压塔底物料是否平衡，只要考虑这三点即可。

4. 常压加热炉出口温度

常压加热炉出口温度是常减压蒸馏装置的重要操作工艺参数，也是装置实现平稳操作较为重要的控制点，常压加热炉出口温度波动，将会导致常压塔操作的紊乱，严重时会导致常压塔侧线产品质量不合格。

保持其他工况条件不变，加热炉提供的热量一定，加热炉进料温度升高，则炉出口的温度就会上升，进料量越少，则炉出口的温度就会越高。单位时间内，燃料气用量越大，则炉出口温度越高。

5. 常顶汽油终馏点

常顶汽油馏分的终馏点会影响到常一线的初馏点，所以常顶汽油的终馏点偏高，则说明属于常一线的重馏分从常压塔顶汽化馏出，致使常一线煤油馏分的收率降低。

保持其他工况条件不变，一定的塔顶压力会对应一定的汽化率，塔顶压力升高，会提高轻组分的沸点，整体上降低了轻组分的汽化率，相应地降低了塔顶产品的馏出率，进而降低常顶汽油的终馏点。常一线抽出量如果减少，本应该在常一线馏出的轻组分，从常顶汽油中馏出，势必会提高常顶汽油的终馏点。

6. 常一线初馏点

常一线（喷气燃料）初馏点是常减压蒸馏装置的一个指标控制点，它主要会影响直馏汽油收率、炼厂喷气燃料收率和柴汽比。常一线初馏点偏高，则直馏汽油的终馏点偏高，汽油收率增大，喷气燃料收率减小，柴汽比将会减小。

常顶汽油终馏点和常一线初馏点变化规律相同，常顶汽油终馏点升高，则常一线初馏点也会升高。如果常减压蒸馏装置加工的原油性质稳定，初顶气体、常顶气体、初顶汽油、常顶汽油收率高，说明应该在常顶汽油以前馏出的产品较为彻底，残留在常一线的轻组分的比例将会减小，常一线的初馏点就会升高。所以，稳定初馏系统和常压系统塔顶的操作，有利于常一线产品的稳定。

7. 常一线终馏点

常一线（喷气燃料）终馏点变化，将会影响到组成的变化，进而影响诸多物理性质，如净热值、馏程、密度、黏度等。所以，稳定常一线终馏点是稳定炼厂喷气燃料产品性质的前提条件。如果塔内上升的气速一定，一定的常一线馏出温度，会对应相应的常一线终馏点。常一线馏出温度越高，常一线的终馏点就会越高。

塔顶压力会影响到常一线抽出口附近的压力，此压力越低，则馏分的沸点随之降低，本不应该汽化的较重组分汽化并从常一线抽出口馏出，致使常一线组分偏重，终馏点升高。

8. 常二线终馏点

稳定常二线终馏点是稳定炼厂轻柴油产品性质的前提条件。一般常二线、常三线和减一线作为轻柴油的调和组分，其中常二线占很大比例，常三线和减一线馏程较常二线窄而偏重，在生产中炼厂多以卡边操作控制常二线终馏点不大于365℃来最大限度地生产轻柴油。

保持其他工况条件不变，一定的常二线馏出温度，会对应相应的常二线终馏点。塔顶压力会影响到常二线抽出口附近的压力，此压力越低，则油分的沸点随之降低，常二线馏出的组分将会变重，常二线的终馏点就会升高。

（四）减压塔系统

1. 减压塔顶压力

抽真空蒸汽压力越高，在混合室侧面形成的真空度越高，形成的从减压塔顶到一级抽真空器混合室的压降就会越大，促使减压塔顶向一级抽真空器混合室的气流流速增大，减压塔顶的压力就会降低。

减压塔底注汽量和减压侧线注汽量增大，上升到塔顶的蒸汽就会越多，塔顶的气相负荷将会增大，塔顶的压力就会升高。另外，减压塔内蒸汽的分压增大，则油气分压减小，会促使油相汽化率增大，汽化上升的气体总量增加。

2. 减压塔顶温度

减压塔顶（减顶）温度对于减顶油和减一线油馏程的影响很大。减顶油的馏程较宽，一般为室温至370℃，闪点为室温，如果不影响柴油的闪点，则可以作为轻柴油的调和组分输往油库。经过减压炉加热的进料，其提供的热量是减压塔唯一的热源，进料的温度直接影响到整个大塔的温度。进料温度低，则大塔各个温位均会下降。侧线抽出量越大，则大塔损失的热量就会越多，抽出线上方的各个温位均会下降。减一线回流、减一中段回流、减二中段回流抽出与返塔温差越大，流量越大，则大塔损失的热量越多，其回流上方的各个温位均会下降。

3. 减压塔底液位

减压塔底液位会不同程度地影响减压塔内汽化率，如果减底液位超高至减五线附近，将会加大影响减压塔内的汽化率，一般控制塔底液位高度为40%～60%。

减压塔底进料即常底泵出口流量，而出料有减底泵外排量和减压塔内部的汽化上升量，总收率即减顶气、减顶油以及减一线、减二线、减三线、减四线、减五线收率的总和。所以，减压塔底物料是否平衡，只要考虑这三点即可。

4. 减压加热炉出口温度

减压加热炉出口温度也是常减压蒸馏装置的重要工艺操作参数，减压加热炉出口温度是否稳定直接影响减压塔能否平稳运行。与常压加热炉不同的是减压加热炉对流室还有加热自产蒸汽的作用，所以进炉自产蒸汽流量及温升也是影响减压加热炉出口温度的一个因素。

保持其他工况条件不变，如果减压加热炉提供的热量一定，减压加热炉进料温度升高，则炉出口的温度就会上升。过热蒸汽流量越大或者过热蒸汽进出温升越大，则需要的热量就会越多，本来用来加热减压炉管内介质的热量用来加热过热蒸汽，致使减压加热炉出口温度降低。

读一读　原油常减压装置的优化

常减压装置是原油加工的第一道工序，结合现阶段针对石油化工常减压工艺技术的分析发现，需要对该技术进行优化，优化的目的是提高石油炼制的整体效率。例如：设计电脱盐工艺程序；对常压塔以及减压塔设备进行运行参数以及工艺技术分析，明确常压塔和减压塔的运行条件；根据原油的性质优化常压塔和减压塔的生产技术措施，合理控制常压塔和减压塔的液位、温度及其压力，确保无论是常压塔还是减压塔生产效率都可以达到最佳。所谓的优化过程是对一些设备进行更新和改造，确保设备在使用时可以节约能量，使得能源的消耗较低，满足现阶段对能源的要求，建设可持续发展、资源节约型社会。

自测习题

一、选择题

1. 选择原油加工方案的基本依据是（　　）。

A. 一般评价　　B. 常规评价　　C. 综合评价　　D. 外观评价

2. 原油常压精馏塔内温度最高的地方是（　　）。

A. 塔顶　　B. 塔底　　C. 进料口　　D. 都不是

3. 常压塔的回流比是由（　　）确定的。

A. 分离精确度的要求　B. 全塔热平衡　C. 过汽化度　D. 原油进料量

4. 原油常用分类方法有化学分类和（　　）。

A. 硫含量　B. 胶质含量　C. 工业分类　D. 物理分类

5. 进入常压蒸馏塔的原油含水量应控制在（　　）以下。

A. 3%　B. 1.5%　C. 0.2%　D. 0.05%

6. 下面对减顶压力影响最小的是（　　）。

A. 抽真空蒸汽压力　B. 冷却水温度　C. 冷却水压力　D. 减一中抽出温度

7. 大庆原油属于（　　）原油。

A. 环烷基　B. 中间基　C. 高硫　D. 石蜡基

8. 含硫量低于0.5%的原油属于（　　）原油。

A. 含硫　B. 低硫　C. 高硫　D. 低氮

9. 原油蒸馏对分离精度没有严格要求时常用（　　）作为切割温度。

A. 恩氏　B. 化学　C. 平衡汽化　D. 实沸点

10. 对常压塔描述不准确的是（　　）。

A. 复合塔　B. 不完全塔　C. 完全塔　D. 气体段

二、填空题

1. 原油脱盐是通过往原油中注入________来溶解盐类，再加入________，在________作用下即可达到脱盐目的。

2. 典型的三段汽化原油蒸馏工艺中蒸馏塔为初馏塔、________和________。

3. 初馏塔作用包括________、________、________、________。

4. 原油的加工方案分为三种：________、________和________。

5. 石油蒸馏汽液平衡数据关系分别是________、________和________。

三、判断题

1. 原油含盐含水有许多危害，例如含水量多易造成冲塔。（　　）

2. 原油蒸馏预汽化塔是为了对原油进行预处理脱去盐和水。（　　）

3. 将原油加热，油中单个水滴受热膨胀直径增大，沉降速度加快。（　　）

4. 原油精馏的理论基础是汽液相平衡原理。（　　）

5. 蒸馏塔的温度梯度是实现精馏的必要条件之一。（　　）

6. 塔内汽液两相充分接触是实现精馏的必要条件之一。（　　）

7. 原油蒸馏实际上可以将原油中各个纯化合物分离出来。（　　）

8. 蒸馏的理论根据是混合物中各组分的沸点不同。（　　）

9. 塔顶回流可提供塔板上的液相回流，可以取出塔内多余的热量。（　　）

10. 中段循环回流的主要作用是使蒸馏塔汽液负荷均匀。（　　）

四、简答题

1. 原油含盐、含水的危害有哪些？

2. 简述原油脱盐脱水的原理及作用。

3. 回流的作用是什么？

4. 减压塔塔顶为什么不采用顶冷回流而采用顶循环回流？

5. 简述中段循环回流的优缺点。

模块三

热加工过程

知识目标

了解热加工过程的原理、目的和方法。

掌握延迟焦化、焦炭化过程的原料要求、组成、反应原理和特点、工艺流程。

技能目标

能够分析判断影响延迟焦化过程的影响因素。

能够根据原料的组成、反应原理、工艺过程对减黏裂化过程的产品组成和特点进行分析。

素质目标

具备分析污染物或废物的产生、排放或废弃能力。

单元一　热加工过程的基本原理

一、热加工过程分类

热加工过程是指在炼油工业中，单靠热的作用，将重质原料油转化成气体、轻质油、燃料油或焦炭的一类工艺过程。

我国多数原油中的重质油料具有氢含量高而残炭值、硫和重金属含量低的特点，采用热加工工艺轻油收率高，可生产优质燃料油及石油焦，并可为催化裂化、加氢裂化等过程提供原料。根据原料性质、操作条件及加工目的不同，热加工过程主要有热裂解、减黏裂化、焦炭化等过程。

1. 热裂化

热裂化是以常压重油、减压馏分油、焦化蜡油和减压渣油等重质组分为原料，在高温（450～550℃）和高压（3～5MPa）下裂化生成裂化汽油、裂化气、裂化柴油和燃料油的过程。

产品中的汽油收率为30%～50%，因含有较多的烯烃，所以其辛烷值较高，但安定性差。柴油收率为30%左右，其十六烷值低且安定性差。裂化气收率约为10%，含有较多的C_1、C_2和少量的丙烯及丁烯，可作为燃料和化工原料。

由于热裂化产品质量差、收率低、开工周期短，所以现在基本上已被催化裂化过程取代。

2. 减黏裂化

减黏裂化是在较低的温度（450～490℃）和压力（0.4～0.5MPa）下使直馏重质燃料油浅度裂化的过程，可降低黏度和倾点，达到燃料油的使用要求。

3. 焦炭化

焦炭化简称焦化，是以减压渣油为原料，在常压液相下进行长时间深度热裂化反应。其目的是生产焦化汽油、柴油、催化裂化原料（焦化蜡油）和工业用石油焦。其中焦化汽油和柴油的安定性较差，需进一步精制加工。

二、热加工化学反应

反应：一类是裂解反应（400～550℃），是吸热反应；另一类是缩合反应，是放热反应。至于异构化反应，在不使用催化剂的条件下一般是很少发生的。

反应热：分解、脱氢是吸热反应，而叠合、缩合等反应是放热反应。由于分解反应占据主导地位，因此，烃类的热反应通常表现为吸热反应。

（一）裂解反应

热裂解反应是指烃类分子发生C—C键和C—H键的断裂，但C—H键的断裂要比C—

C键断裂困难，因此，在热裂解条件下主要发生C—C键断裂，即大分子裂解为小分子反应。烃类的裂解反应是依照自由基反应机理进行的，并且是一个吸热反应过程。

1. 烷烃

在各类烃中，正构烷烃热稳定性最差，且分子量越大越不稳定。烷烃的热化学反应主要有两类：

① C—C键断裂生成较小分子的烷烃和烯烃。

② C—H键断裂生成碳原子数保持不变的烯烃及氢。从热力学判断，在500℃左右，烷烃脱氢反应进行的程度不大。

2. 环烷烃

① 环烷烃的热稳定性比烷烃高，裂解时主要是烷基侧链断裂和环的断裂，前者生成较小分子的烯烃或烷烃，且侧链越长，断裂的速度越快；后者生成较小分子的烯烃及二烯烃。

② 单环环烷烃的脱氢反应须在600℃以上才能进行，但双环环烷烃在500℃左右就能进行脱氢反应，生成环烯烃，再进一步脱氢生成芳烃。

3. 芳香烃

芳香烃是各种烃类中热稳定性最高的一种。

① 各种芳烃的分解容易程度顺序是：带侧链的芳烃＞带甲基的芳烃＞无侧链的芳烃。带烷基侧链的芳烃在受热条件下主要是发生侧链断裂或脱烷基反应。至于侧链的脱氢反应则须在更高的温度（650～700℃）下才能发生。

② 一般条件下，芳环不会断裂，但在较高温度下会发生脱氢缩合反应，生成环数较多的芳烃，直至生成焦炭。缩合型分子的热反应主要有三种：环烷环断裂生成苯的衍生物、环烷环脱氢生成萘的衍生物、缩合生成高分子的多环芳香烃。

4. 烯烃

虽然在直馏馏分油和渣油中几乎不含有烯烃，但是在各种烃类热反应中可能产生烯烃。在温度不高时，烯烃裂解成气体的反应远不及缩合成高分子叠合物的反应快。但是，由于缩合反应所生成的高分子叠合物也会发生部分裂解，因此，缩合反应和裂解反应交叉进行。

① 当温度升高到400℃以上时，裂解反应开始变得重要，碳链断裂的位置一般在烯烃双键的β位置。

烯烃的分解反应有两种形式：

大分子烯烃→小分子烯烃→小分子烯烃

大分子烯烃→小分子烯烃→小分子二烯烃

② 烯烃在低温、高压下主要进行叠合反应。二烯烃非常不稳定，其叠合反应具有连锁反应的性质，生成分子量更大的叠合物，甚至缩合成焦炭。当温度超过600℃时，烯烃缩合成芳香烃、环烷烃和环烯烃的反应变得更重要。

5. 胶质和沥青质

烃类在加热的条件下，反应基本上可以分成裂解与缩合（包括叠合）两个方向。

① 由裂解方向产生较小的分子，生成沸点越来越低的烃类（如气体烃）；

② 由缩合反应生成分子越来越大的稠环芳香烃。高度缩合的结果就会产生胶质、沥青质，最后生成碳氢比很高的焦炭。

（二）缩合反应

石油烃在热的作用下除进行裂解反应外，还同时进行着缩合反应，所以使产品中存在相当数量的沸点高于原料油的大分子缩合物，以至焦炭。缩合反应主要在芳烃及烯烃中进行。

芳烃缩合生成大分子芳烃及稠环芳烃，烯烃缩合生成大分子烷烃或烯烃，芳烃和烯烃缩合成大分子芳烃，缩合反应总趋势为：

芳烃、烯烃（烷烃→烯烃）→缩合产物→胶质、沥青质→焦炭

烃类的热转化是裂解反应和缩合反应同时进行的一种复杂的平行-顺序反应。热加工过程包括减黏裂化、热裂化和焦化等多种工艺过程，其反应机理基本上是相同的，只是反应深度不同而已。

单元二 延 迟 焦 化

一、 延迟焦化原料和产品

焦炭化过程是提高原油加工深度、促进重质油轻质化的重要热加工手段，可从原油中得到更多的轻质油，也是唯一能生产石油焦的工艺过程。

焦化方法主要有釜式焦化、平炉焦化、延迟焦化、接触焦化、流化焦化和灵活焦化，目前只有延迟焦化在炼油工业中得到广泛应用。延迟焦化的特点是将重质渣油以很高的流速，在高热强度下通过加热炉管，在短时间内达到反应温度后，迅速离开加热炉，进入焦炭塔的空间，使裂化、缩合反应延迟到焦炭塔内进行，因而称之为“延迟焦化”。

原油中的大部分杂质都在渣油中，甚至还伴有一些重金属元素，导致对渣油的深度加工较为困难。由于延迟焦化技术工艺较为成熟，已普遍应用于炼油工业中，是处理渣油最主要的技术之一。

1. 焦化原料

延迟焦化的原料油一般有减压渣油、重质稠油、溶剂脱沥青的脱油沥青、催化裂化油浆、减黏渣油、乙烯渣油、全厂罐区污油等。选择焦化原料时主要参考原料的组成和性质，如密度、特性因数、残炭值、硫含量、金属含量等指标，以预测焦化产品的分布和质量。

目前焦化装置的原料呈现多样化，渣油类主要有常压、减压和减黏类，还有重质燃料油、超稠原油（主要进口）以及煤焦油等类型；一些石油、化工、炼油、建筑等企业产生的原料废品如油浆、沥青、废胺液、酸液、污泥、污油等也作为原料送入焦化装置进行处理，因此造成油品劣质化明显加重的趋势。伴随着环保要求的提高，随之而来的加工难度也在增大。

2. 焦化产品

焦化产品的分布和质量受原料的组成与性质、工艺过程等多种因素影响。延迟焦化的产品有焦化气体、汽油、柴油、蜡油和石油焦（焦炭）。延迟焦化过程产品收率如下。

焦化气体：7％～10％（液化气＋干气）。

焦化汽油：8％～15％。

焦化柴油：26％～36％。

焦化蜡油：20％～30％。

焦炭产率：16％～23％。

其中，焦化汽油中的烯烃、硫、氮和氧含量高，安定性差，需经脱硫化氢、硫醇等精制过程才能作为调和汽油的组分。焦化柴油的十六烷值高，凝点低，但烯烃、硫、氮、氧及金属含量高，安定性差，需经脱硫、氮杂质和烯烃饱和的精制过程，才能作为合格的柴油组分。焦化蜡油是指 350～500℃的焦化馏出油，又叫做焦化瓦斯油（CGO），可以作为催化裂化原料油，也可作为调和燃料油组分。焦炭又叫做石油焦，可用作固体燃料，也可经煅烧及石墨化后用作制造炼铝和炼钢的电极。

二、延迟焦化工艺流程

延迟焦化工艺由焦化系统、油气产物分离系统、焦炭处理系统和放空系统几个部分组成。工艺流程有不同的类型，就生产规模而言，有一炉两塔流程、两炉四塔流程，也有与其他装置联合的流程等。

常规延迟焦化工艺流程如图 3-1 所示。焦化原料油经换热升温到 280～320℃后有两种方式：一种是渣油进入分馏塔下部换热段与焦炭塔顶来的高温油气直接换热，将原料油中的轻组分油蒸出，同时又加热了原料油，原料油中蜡油以上的重馏分与焦炭塔油气中被冷凝的循环油一起流入塔底；另一种是渣油直接进入分馏塔底和自上部被馏分油冷凝下来的循环油混合。蒸发段温度控制在 360～390℃，若该温度低，冷凝下来的循环油量就大，循环比就大；反之则循环比小。分馏塔底温度一般控制在 300～350℃，并且有塔底循环油泵保持塔底油料不断循环，以尽量减少塔底结焦的机会。分馏塔底油经加热炉进料泵抽出，进入加热炉快速升温到 500℃左右（加热炉入口压力为 1.5～2.5MPa）。为了减少加热炉管结焦，均配有炉管注气或注水，使油品以强烈的湍流状态通过油品的临界反应区，达到延迟焦化反应的目的。

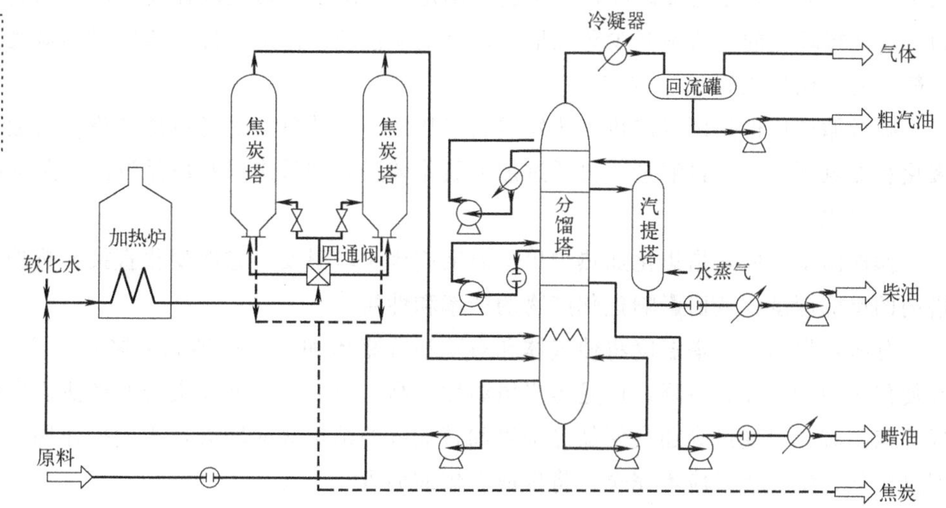

图 3-1　一炉两塔延迟焦化工艺流程图

加热炉出口油料通过四通阀进入焦炭塔，在焦炭塔中高温油气发生热裂化反应，高温液相发生热裂化和缩合反应，在塔内重质渣油经非催化的热脱碳过程，最终转化为轻烃和焦炭。焦炭从下往上沉积在焦炭塔内。每个焦炭塔为轮换间歇操作，交替进行生焦或冷焦、除焦、暖塔的操作，为此就需要成对的（2、4、6座）焦炭塔按预定的焦化周期切换操作。所以对焦化工艺而言，焦炭塔的操作是间歇的，但焦化过程是连续的。切换周期包括生焦时间和除焦操作所需的时间，为16～24h。从焦炭塔顶逸出的热油气进入焦化分馏塔与原料油换热后分割为汽油、柴油、蜡油以及焦化富气。富气经压缩机升压后送入气体回收部分，分离为液化气和焦化干气。

三、影响延迟焦化的主要因素

1. 原料的性质

焦化过程的产品分布及其性质在很大程度上取决于原料的性质。

对于不同的原油，随着原料油密度的增大，焦炭产率增大。对于同种原料油而拔出深度不同的减压渣油，随着减压渣油产率的下降，焦化产物中的蜡油产率和焦炭产率增加，而轻质油产率则下降。不同的原料油所得产品的性质各不相同。

2. 循环比

在生产过程中，反应物料实际上是新鲜原料与循环油的混合物。循环比的定义为：

循环比＝循环油/新鲜原料油

联合循环比＝(新鲜原料油量＋循环油量)/新鲜原料油量＝1＋循环比

循环油是指在分馏塔下部脱过热段，因反应油气温度的降低，重组分油冷凝冷却后进入塔底的这部分油。实际生产中，循环油流量可由辐射管进料流量与对流管进料流量之差来求得。

分析：对于较重的、易结焦的原料，由于单程裂化深度受到限制，就要采用较大的循环比，有时达1.0左右。循环比增大，可使焦化汽油、柴油收率增加，焦化蜡油收率减少，焦炭和焦化气体的收率增加。在加热炉能力确定的情况下，低循环比还可以增加装置的处理能力。降低循环比的办法是减少分馏塔下部重瓦斯油的回流量，提高蒸发段和塔底温度。对于一般原料，循环比为0.1～0.5。

降低循环比也是延迟焦化工艺发展的趋势之一，其目的是通过增产焦化蜡油来增加催化裂化和加氢裂化的原料油量，再通过加大裂化装置处理量来提高成品汽油、柴油的产量。

3. 操作温度

操作温度一般是指焦化加热炉出口温度或焦炭塔温度。它的变化直接影响炉管内和焦炭塔内的反应深度，从而影响焦化产物的产率和性质。

分析：提高焦炭塔温度将使气体和石脑油收率增加，瓦斯油收率降低，焦炭产率下降，并使焦炭中的挥发分下降。但是焦炭塔温度过高，容易造成泡沫夹带并使焦炭硬度增大，造成除焦困难。温度过高还会使加热炉管和转油线的结焦倾向增大，影响操作周期。如焦炭塔温度过低，则焦化反应不完全，将生成软焦或沥青。

我国的延迟焦化装置加热炉出口温度一般均控制在495～505℃。

4. 操作压力

操作压力是指焦炭塔顶压力，焦炭塔顶最低压力是为了克服焦化分馏塔及后续系统压力降所需的压力。

分析：操作温度和循环比固定之后，提高操作压力将使塔内焦炭中滞留的重质烃量增多和气体产物在塔内停留时间延长，增加了二次裂化反应的概率，从而使焦炭产率增加和气体产率略有增加，C_5 以上液体产品产率下降，焦炭的挥发分含量也会略有增加。延迟焦化工艺的发展趋势之一是尽量降低操作压力，以提高液体产品的收率。

一般焦炭塔的操作压力在 0.1～0.28MPa，但在生产针状焦时，为了使富芳烃的油品进行深度反应，采用约 0.7MPa 的操作压力。

单元三　减黏裂化

一、减黏裂化原料和产品

减黏裂化属于重质油的二次加工，随着原油加工深度升级，逐步开始采用以重油、渣油改质的深度减黏裂化工艺，开始逐步应用中间产品如中间馏分油等作为催化加工工艺生产原料，把渣油转化为馏分油用作催化裂化装置的原料。

减黏裂化在减黏的同时生产一些气体、石脑油、瓦斯油和减黏渣油。减黏裂化具有操作简便、对原料的适应性强、投资和加工费用低等优点，是一种灵活、重要的渣油加工工艺。

1. 原料油

常用的减黏裂化原料油有常压重油、减压渣油和脱沥青油。原料油的组成和性质对减黏裂化过程的操作和产品分布及质量都有影响，主要影响参数有原料的沥青质含量、残炭值、特性因数、黏度、硫含量、氮含量及金属含量等。

2. 产品

表 3-1 为普通减黏裂化过程的产品收率。表 3-2 为胜利减压渣油减黏裂化气体的组成。

表 3-1　普通减黏裂化过程的产品收率

原料油		胜利管输减渣	胜利-辽河混合油减渣	大庆减渣
反应温度/℃		380	430	420
反应时间/min		180	27	57
产物收率/%	裂化气	1.0	1.4	1.3
	C_5～200℃	—	3.5	2.0
	200～350℃	—	4.1	2.5
	＞350℃	98	91.0	93.6
原料渣油黏度(100℃)/(mm^2/s)		103	578	121
减黏渣油黏度(100℃)/(mm^2/s)		38.7	70.7	55.4

表 3-2 胜利减压渣油减黏裂化气体的组成

组分	H_2S	H_2	CH_4	C_2H_6	C_2H_4	C_3H_8	C_3H_6	C_4H_{10}	C_4H_8
含量/%	8.46	0.35	18.0	11.95	1.07	14.32	5.20	10.48	6.35

① 减黏裂化气体产率较低，约为 2%。一般不再分出液化石油气（LPG），经过脱除 H_2S 后送至燃料气系统。

② 减黏石脑油组分的烯烃含量较高，安定性差，辛烷值约为 80，经过脱硫后可直接用作汽油调和组分。重石脑油组分经过加氢处理脱除硫及烯烃后，可作为催化重整原料，也可将全部减黏石脑油送至催化裂化装置，经过再加工后可以改善稳定性，然后再脱硫醇。

③ 减黏柴油含有烯烃和双烯烃，故安定性差，需加氢处理才能用作柴油调和组分。

④ 减黏重瓦斯油性质主要与原料油性质有关，介于直缩减压柴油和焦化重瓦斯油的性质之间，其芳烃含量一般比直馏减压柴油高。

⑤ 减黏渣油可直接作为重燃料油组分，也可通过减压闪蒸拔出重瓦斯油作为催化裂化原料。

二、减黏裂化工艺流程

1. 以生产燃料油为目的的减黏裂化

以生产燃料油为目的的常规减黏裂化工艺流程如图 3-2 所示。减黏原料油为常压重油或减压渣油，在减黏加热炉管中加热至反应温度，然后在反应段炉管中裂化，达到需要的转化深度。为了避免炉管内结焦，向管内注入约 1%的水，加热炉出口温度为 400～450℃，在炉出口处可注入急冷油使温度降低而中止反应，以免后路结焦。加热炉出料进入减黏分馏塔的闪蒸段，分离出裂化气、汽油和柴油，柴油的一部分可作为急冷油用，从塔底抽出减黏渣油，此种过程也称为管式炉减黏。以生产裂化装置的原料为目的时，采用带减压闪蒸塔的减黏裂化流程。此流程基本与常规流程相同，只不过在减黏分馏塔后增加一个减压塔，减黏分馏塔底的重油进入减压塔，在减压塔内分离出减黏瓦斯油和减黏燃料油，减黏瓦斯油直接进入其他转化装置作为原料。

2. 以生产轻馏分油或降低燃料油倾点为生产目的的减黏裂化

以生产轻馏分油或降低燃料油的倾点为生产目的时，采用减黏裂化-热裂化联合流程。此流程在带减压闪蒸塔的减黏裂化流程基础上，增加一个热裂化加热炉，使减压瓦斯油直接进入热裂化加热炉，将其裂化为轻质产品，热裂化加热炉的出料与减黏裂化产品一起进入分馏塔进行分馏。

3. 炉式减黏裂化和塔式减黏裂化

在工业上，根据减黏裂化采用设备的不同，还有炉式减黏裂化和塔式减黏裂化之分。

① 炉式减黏裂化是指转化过程在加热炉的反应炉管中进行，其特点是温度高、停留时间短。

② 塔式减黏裂化是在流程中设有反应塔，虽然在加热炉管内有一定的裂化反应，但大部分裂化反应在反应塔内进行（图 3-3）。反应塔是上流式塔式设备，内设几块筛板，为了减少轴向返混，筛板的开孔率自下而上逐渐增加。

与炉式减黏裂化相比，塔式减黏反应温度低、停留时间长。

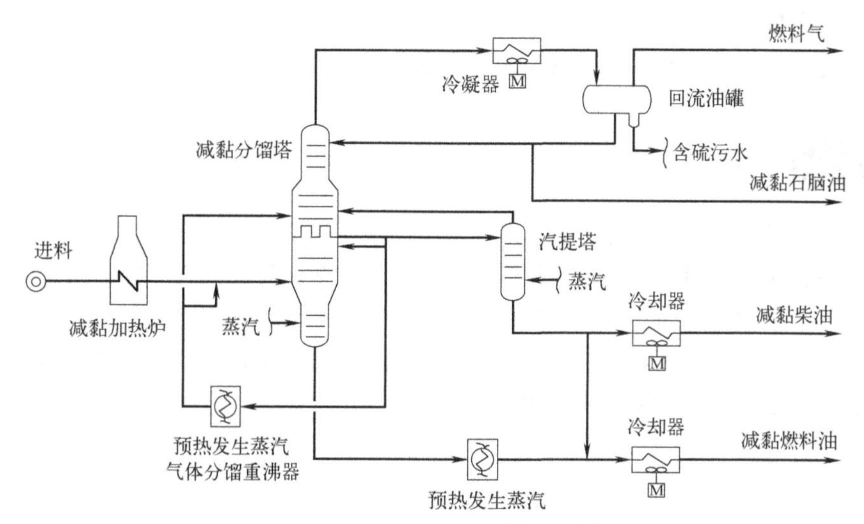

图 3-2　常规减黏裂化工艺原理流程图

塔式减黏裂化
工艺流程

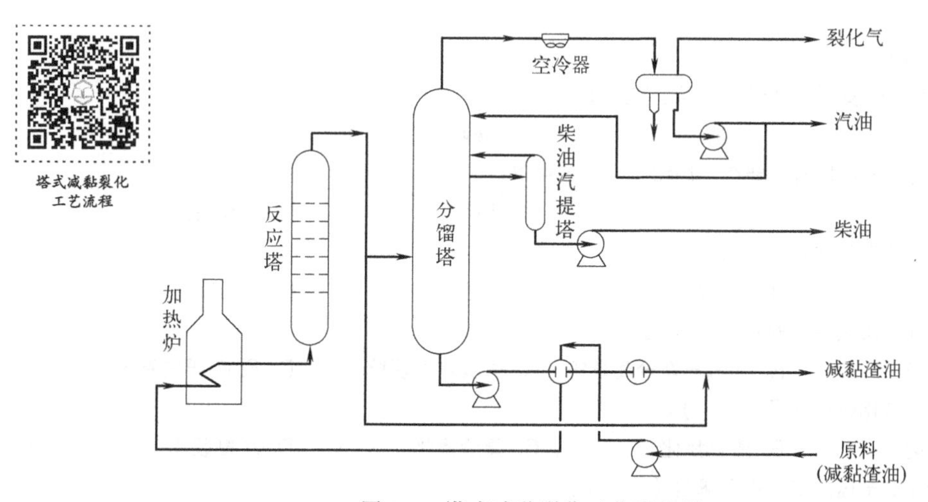

图 3-3　塔式减黏裂化工艺流程图

三、影响减黏裂化的因素

影响减黏裂化产品分布与质量的因素主要有原料组成和性质及工艺操作条件，工艺操作条件主要有温度、压力和反应时间。

(1) 原料组成和性质　原料沥青质含量、残炭值、黏度、硫含量、氮含量及金属含量越高，越难裂化。蜡含量越高，原料越重，减黏效果越明显。

(2) 裂化温度　裂化温度随原料油性质和要求的转化深度而定。反应温度一般是指加热炉的出口温度，炉式减黏裂化的炉出口温度为 475～500℃，塔式减黏裂化的反应塔温度为 420～440℃。提高反应温度和延长反应时间都可以提高减黏转化率。

(3) 裂化压力　操作压力是重要的设计参数，应尽量选用较低的压力，这对简化工艺和减少设备结焦有利。常规减黏裂化的操作压力在 1.06～2.82MPa。

（4）反应时间　在一定反应温度下存在着一个最佳的反应时间，以达到所需要的减黏转化率。反应时间与温度有互补关系。炉式减黏裂化的操作温度高，反应时间只有 1～3min；塔式减黏裂化的操作温度低，需要的反应时间长。提高反应温度和延长反应时间都可以提高减黏转化率。

读一读　渣油不再“渣”

焦化是渣油转化的常见方式之一，也是重质油轻质化的关键工艺，具体是将渣油在高温条件下进行深度裂解和缩合反应，获取焦化蜡油、焦化柴油等高价值产物。焦化工艺的主要有延迟焦化、流化焦化和灵活焦化等。其中，埃克森美孚的 FLEXICOKING™ 灵活焦化技术，可以利用渣油生产出从 C_1^+ 干气到 C_5/525℃液体产物、多用途清洁灵活燃料气，以及少量低硫石油焦（占总重量 1%～2%左右）。

自测习题

一、选择题

1. 以下烃类的热反应中属于吸热反应的是（　　）。

A. 分解　B. 加氢　C. 异构　D. 缩合

2. 石油烃类的缩合反应主要在芳烃和（　　）中进行。

A. 烷烃　B. 环烃　C. 烯烃　D. 异构烷烃

3. 减黏柴油的安定性差是因为（　　）。

A. 芳烃　B. 烯烃和双烯烃　C. 稠芳烃　D. 异构组分

4. 不属于延迟焦化系统的是（　　）。

A. 焦化系统　B. 油气产物分离系统　C. 焦炭处理系统　D. 反应-再生系统

5. 不属于焦炭化过程的是（　　）。

A. 延迟焦化　B. 流化焦化　C. 灵活焦化　D. 减黏裂化

6. 减黏裂化对于压力的操作要求是（　　）。

A. 较高的压力　B. 较低的压力　C. 中压操作　D. 都可以

7. 反应空速越大表示（　　）。

A. 反应时间越长　B. 反应时间越短　C. 压力越大　D. 压力越小

8. 不属于焦炭化过程产品的是（　　）。

A. 焦化气体　B. 焦化柴油　C. 焦化蜡油　D. 减压蜡油

9. 减黏裂化反应温度在（　　）左右。

A. 200～300℃　B. 350～400℃　C. 450～490℃　D. 600～700℃

10. 延迟焦化的发展趋势是（　　）。

A. 提高温度　B. 提高压力　C. 降低循环比　D. 降低空速

二、填空题

1. 热加工过程包括________、________、________。

2. 延迟焦化主要是________和________反应。________反应是吸热过程、________反应是放热过程。

3. 焦炭化过程是以________、________、________等为原料，在高温（500～550℃）下进行

深度的__________和__________反应的热加工过程。

4. 减黏裂化原料油有__________、__________和__________。

5. 焦化过程的产物有________、________、________、________、________。

三、判断题

1. 焦化过程现主要用于生产优质石油焦。 (　　)
2. 热裂化产品质量好，收率高，开工周期长。 (　　)
3. 热裂化反应过程不属于复杂的平行-顺序反应过程。 (　　)
4. 减黏裂化优点：操作简便、对原料的适应性强、投资和加工费用低。 (　　)
5. 焦化汽油中硫含量高，必须经过加氢精制后才能得到合格产品。 (　　)
6. 焦化蜡油主要是作为催化裂化或加氢裂化装置的原料。 (　　)
7. 焦炭（石油焦）是焦化装置的独有产品。 (　　)
8. 焦炭不可用作燃料，可用于制造炼铝、炼钢的电极等。 (　　)
9. 烃类在热的作用下主要发生脱氢和缩合两类反应。 (　　)
10. 减黏裂化主要目的是减小高黏度燃料油的黏度和倾点。 (　　)

四、简答题

1. 重油轻质化的途径有哪些?
2. 热加工方法有哪些? 各自的目的是什么?
3. 热加工过程的主要反应有哪些?
4. 石油馏分及重油的热化学反应有何特点?
5. 大部分热加工工艺都被淘汰了, 延迟焦化工艺为什么还能保留下来?

模块四 催化裂化

知识目标

理解和掌握催化裂化工艺加工原理、催化剂和主要设备。
了解渣油催化裂化反应的困难及其加工特点。
掌握催化裂化的工艺流程。

技能目标

能够分析催化裂化工艺重要操作参数的影响因素。
能够对催化裂化反应-再生系统进行操作与控制。

素质目标

具备设备安全管理、维护使用能力。
树立良好的职业道德、创新意识和团队协作意识。

单元一　催化裂化原理、产品特点及催化剂

一、催化裂化的化学原理

（一）各种单体烃的催化裂化反应

石油馏分由各种烷烃、环烷烃、芳烃等组成。在催化剂上，各种单体烃进行着不同的反应，有分解反应、异构化反应、氢转移反应、芳构化反应等。分解反应是最主要的反应。烃类进行的反应除了有大分子分解为小分子的反应，还有小分子缩合成大分子的反应（甚至缩合至焦炭）。

① 烷烃裂化为较小分子的烯烃和烷烃，如：

$$C_{16}H_{34} \longrightarrow C_8H_{16} + C_8H_{18}$$

② 烯烃裂化为较小分子的烯烃，如：

$$C_{16}H_{32} \longrightarrow C_6H_{12} + C_{10}H_{20}$$

③ 异构化反应，如：

正构烷烃⟶异构烷烃

烯烃⟶异构烯烃

$$C{-}C{=}C{-}C \longrightarrow C{=}C(C){-}C$$

④ 氢转移反应，如：

环烷烃＋烯烃⟶芳烃＋烷烃

⑤ 芳构化反应，如：

$$C{-}C{-}C{-}C{-}C{=}C{-}C \longrightarrow C_6H_5{-}C + 3H_2$$

烯烃　　　　芳烃

⑥ 环烷烃裂化为烯烃，如：

环烷烃⟶烯烃＋烯烃

⑦ 烷基芳烃脱烷基反应，如：

烷基芳烃⟶芳烃 ＋ 烯烃

⑧ 缩合反应：单环芳烃可缩合成稠环芳烃，最后缩合成焦炭，并放出氢气，使烯烃饱和。如：

$$C_6H_5{-}CH{=}CH_2 + R^1CH{=}CHR^2 \longrightarrow \text{(1-}R^1\text{-2-}R^2\text{-二氢萘)} + 2H_2$$

（二）石油馏分的催化裂化反应特点

1. 各烃类之间的竞争吸附和反应的阻滞作用

① 不同的烃分子在催化剂表面上的吸附能力不同。对于碳原子数相同的各族烃，吸附能力的大小顺序为：

稠环芳烃＞稠环环烷烃＞烯烃＞单烷基单环芳烃＞单环环烷烃＞烷烃

同族烃分子，分子量越大越容易被吸附。

② 按化学反应速率的高低进行排列，则大致情况如下：

烯烃＞大分子单烷基侧链的单环芳烃＞异构烷烃和环烷烃＞小分子单烷基侧链的单环芳烃＞正构烷烃＞稠环芳烃

石油馏分中的芳烃虽然吸附能力强，但反应能力弱，它首先吸附在催化剂表面上占据了相当的表面积，阻碍了其他烃类的吸附和反应，使整个石油馏分的反应速率变慢。对于烷烃，虽然反应速率快，但吸附能力弱，从而对原料反应的总效应不利。其中环烷烃有一定的吸附能力，又具有适宜的反应速率，因此可以认为富含环烷烃的石油馏分应是催化裂化的理想原料。然而，在实际生产中这类原料并不多见。

2. 石油馏分的催化裂化反应是复杂的平行-顺序反应

平行-顺序反应中原料向几个方向进行反应，中间产物又可继续反应，它的一个重要特点是反应深度对产品产率分布有重大影响（图 4-1）。随着反应时间的延长，转化率提高，气体产率和焦炭产率不断增加，而汽油产率开始是增加，但经过一个最高点后又下降（图 4-2）。分析原因有：

① 到一定的反应深度后，汽油分解为气体的速率超了汽油的生成速率，即二次反应速率超过了一次反应速率。催化裂化的二次反应是多种多样的，有些二次反应是有利的，有些则不利。例如，烯烃和环烷烃氢转移生成稳定的烷烃和芳烃是我们所希望的，中间馏分缩合生成焦炭则是不希望的。因此，在催化裂化工业生产中，对二次反应进行有效的控制是必要的。

② 要根据原料的特点选择合适的转化率，这一转化率应选择在汽油产率最高点附近。如果希望有更多的原料转化成产品，则应将反应产物中和原料油沸程相当的馏分与新鲜原料混合，重新返回反应器进一步反应。这里所说的沸程与原料油相当的那一部分馏分，工业上称为回炼油或循环油。

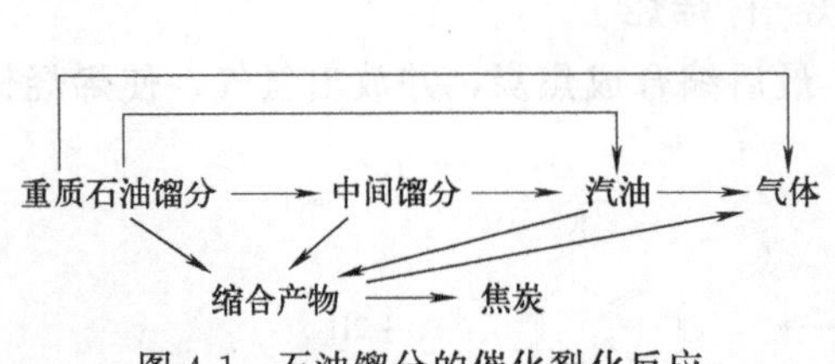

图 4-1　石油馏分的催化裂化反应

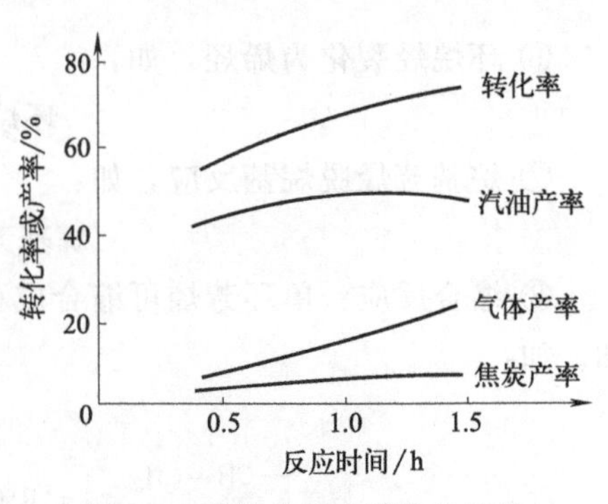

图 4-2　某馏分催化裂化的结果

二、催化裂化产品特点

催化裂化过程是以减压馏分油、焦化柴油和蜡油等重质馏分油或渣油为原料，在常压和450～510℃条件下，在催化剂的存在下，发生一系列化学反应，转化生成气体、汽油、柴油等轻质产品和焦炭的过程。

催化裂化产品具有以下几个特点：

① 轻质油收率高，可达70%～80%；

② 催化裂化汽油的辛烷值高，研究法辛烷值可达85，汽油的安定性也较好；

③ 催化裂化柴油十六烷值较低，常与直馏柴油调和使用，或经加氢精制提高十六烷值，以满足规格要求；

④ 催化裂化气体中，C_3 和 C_4 气体占80%（称为液化石油气LPG），其中丙烯和丁烯占一半以上，因此这部分产品是优良的石油化工和生产高辛烷值汽油组分的原料。

三、催化裂化的催化剂

催化剂对目的产品的产率和质量、生产成本、操作条件、工艺过程、设备形式都有重要的影响。

（一）催化裂化催化剂的种类、组成和结构

工业上广泛采用的催化裂化催化剂可分为两大类：无定形硅酸铝和结晶型硅酸铝（又称为分子筛），其中分子筛催化剂应用广泛。

1. 无定形硅酸铝催化剂

最初使用的是处理过的天然活性白土，其主要成分是硅酸铝，硅酸铝的主要成分是氧化硅和氧化铝，合成硅酸铝依铝含量的不同又分为低铝（含 Al_2O_3 10%～13%）和高铝（含 Al_2O_3 约为25%）两种。其催化剂按颗粒大小又分为小球状（直径在3～6mm）和微球状（直径在40～80μm）。

合成硅酸铝是由 Na_2SiO_3 和 $Al_2(SO_4)_3$ 溶液按一定的比例配合而成的凝胶，再经水洗、过滤、成型、干燥、活化而制成的。硅酸铝催化剂的表面具有酸性，并形成了许多酸性中心，催化剂的活性就来源于这些酸性中心，即催化剂的活性中心。

2. 结晶型硅酸铝（分子筛）催化剂

分子筛又称为泡沸石，按其组成及晶体结构不同分为A型、X型、Y型及丝光沸石等几种。目前工业催化裂化催化剂中常用的是X型和Y型沸石，其中用得最多的是Y型沸石。

人工合成的分子筛是含钠离子的分子筛，这种分子筛没有催化活性。分子筛中的钠离子可以被氢离子、稀土金属离子等取代，经过离子交换的分子筛的活性比硅酸铝高出上百倍。这样过高的活性不宜直接用作催化裂化催化剂。

分子筛催化剂

工业上使用的分子筛催化剂，一般是将含5%～15%的分子筛均匀分布在担体上，担体通常采用无定形硅酸铝、白土等具有裂化活性的物质。担体

除了起对活性组分的稀释作用外，还具有分散分子筛、增强催化剂强度以及提高经济效益等作用。

（二）催化裂化催化剂的使用性能

催化裂化工艺中催化剂的活性、选择性、稳定性和抗重金属污染性，及其物理性质如密度、筛分组成、流化性能和抗磨性能等是评定催化剂性能的重要指标。

1. 活性

催化裂化催化剂对催化裂化反应的加速能力称为活性。活性的大小与催化剂的化学组成、晶胞结构、制备方法、物理性质等因素有关。催化剂的活性分为微反活性和平衡活性。

(1) 微反活性　对分子筛催化剂，由于活性很高，对吸附在催化剂上的焦炭产量很敏感。在实际使用时，反应时间很短，而D+L法的反应时间过长，会使焦炭产率增加，用D+L法不能显示分子筛催化剂的真实活性。目前，对分子筛催化剂，采用反应时间短、催化剂用量少的微反活性测定法（MAT），所得活性称为微反活性（MA），它不能真实地反映实际生产情况。在测定新鲜催化剂的活性前，需先将催化剂进行水热老化处理，目的就是使测定结果能较接近实际生产情况。

(2) 平衡活性　新鲜催化剂在开始投用时，一段时间内，活性急剧下降，降到一定程度后则缓慢下降。由于在生产过程中不可避免地损失一部分催化剂而需要定期补充相应数量的新鲜催化剂，因此，在实际生产过程中，反应器内的催化剂活性可保持在一个稳定的水平，此时催化剂的活性称为平衡活性。显然，平衡活性低于新鲜催化剂的活性。平衡活性的高低取决于催化剂的稳定性和新鲜催化剂的补充量。

2. 选择性

将进料转化为目的产物的能力称为选择性，一般以目的产物的产率与转化率之比或目的产物与非目的产物的产率之比来表示。

以生产汽油为主要目的的催化裂化催化剂，常用“汽油产率/焦炭产率”或“汽油产率/转化率”表示其选择性。选择性好的催化剂可使原料生成较多的汽油，而较少生成气体和焦炭。

选择性与受重金属污染程度和催化剂表面结构有关：

① 催化裂化催化剂在受重金属污染后，其选择性会变差。重金属污染的程度常常反映在催化裂化气体中氢气含量的增加，因此，裂化气中的 H_2 含量与 CH_4 含量比值不仅反映重金属污染的程度，而且也反映催化剂选择性的变化。

② 选择性与催化剂表面结构有关，分子筛催化剂比无定形硅酸铝催化剂有更好的选择性，当焦炭产率相同时，使用分子筛催化剂可提高汽油产率15%～20%。对分子筛催化剂而言，Y型比X型选择性好。

3. 稳定性

催化剂在使用过程中保持其活性和选择性的性能称为稳定性。

在催化裂化过程中，催化剂需反复经历反应和再生两个不同的阶段，长期处于高温和水蒸气作用下，高温和水蒸气可使催化剂的孔径扩大、比表面积减小而导致活性下降，活性下降的现象称为“老化”。

稳定性高表示催化剂在高温和水蒸气作用下活性下降少、催化剂使用寿命长。分子筛催化剂的稳定性比无定形硅酸铝催化剂好，无定形硅酸铝催化剂中高铝的稳定性比低铝好，分子筛催化剂中Y型比X型的稳定性好。

4. 抗重金属污染性

原料中的镍（Ni）、钒（V）、铁（Fe）、铜（Cu）等金属的盐类，沉积或吸附在催化剂表面上，会大大降低催化剂的活性和选择性，称为催化剂“中毒”或“污染”，从而使汽油产率大大下降，气体和焦炭产率上升。分子筛催化剂比硅酸铝催化剂更具有抗重金属污染的能力。

重金属对催化剂的污染程度用污染指数表示：

$$污染指数=0.1(\rho_{Fe}+\rho_{Cu}+14\rho_{Ni}+4\rho_{V})$$

式中，ρ_{Fe}、ρ_{Cu}、ρ_{Ni}、ρ_{V} 为催化剂上铁、铜、镍、钒的含量，μg/g。

① 污染指数达到750时为污染催化剂；新鲜硅酸铝催化剂的污染指数在75以下，平衡催化剂污染指数在150以下，均算作清洁催化剂。

② 污染指数>900时为严重污染催化剂；但分子筛催化剂的污染指数达1000以上时，对产品的收率和质量尚无明显影响，说明分子筛催化剂可以适应较宽的原料范围和性质较差的原料。

为防止重金属污染，首先应当控制原料油中的重金属含量，并且可使用金属钝化剂（例如：三苯基锑或二硫代磷酸锑）以抑制污染金属的活性。

5. 流化性能

为保证催化剂在流化床中有良好的流化状态，要求催化剂有适宜的粒径或筛分组成。工业用微球催化剂颗粒直径一般在20～80μm之间。粒度分布大致为0～40μm占10%～15%，大于80μm占15%～20%，其余是40～80μm的筛分。

6. 抗磨性能

适当的细粉含量可改善流化质量，为避免在运转过程中催化剂过度粉碎，以保证流化质量和减少催化剂损耗，要求催化剂具有较高的机械强度。

通常采用“磨损指数”评价催化剂的机械强度。将一定量的催化剂放在特定的仪器中，用高速气流冲击4h后，所生成的小于15μm的细粉与试样中大于15μm的催化剂的质量比即为磨损指数。

7. 密度

对催化裂化催化剂来说，它是微球状多孔性物质，故其密度有以下几种不同的表示方法。

（1）真实密度　真实密度又称为催化剂的骨架密度，即颗粒的质量与骨架实体所占体积之比，其值一般是2～2.28g/cm^3。

（2）颗粒密度　颗粒密度是指把微孔体积计算在内的单个颗粒的密度，一般是0.9～1.2g/cm^3。

（3）堆积密度　堆积密度是指催化剂堆积时包括微孔体积和颗粒间的空隙体积的密度，一般是0.5～0.8g/cm^3。对于微球状（粒径为20～100μm）的分子筛催化剂，堆积密度又可分为松动状态、沉降状态和密实状态三种状态下的堆积密度。

催化剂的堆积密度常用于计算催化剂的体积和质量，催化剂的颗粒密度对催化剂的流化性能有重要影响。

（三）催化裂化催化剂的失活与再生

1. 催化裂化催化剂失活的原因

在反应-再生过程中，催化裂化催化剂的失活原因主要有三个：高温或与高温水蒸气的作用、裂化反应生焦、毒物的毒害。

（1）水热失活　水热失活指在高温和水蒸气存在的条件下，催化裂化催化剂的表面结构发生变化，比表面积减小，孔体积减小，分子筛的晶体结构破坏，导致催化剂的活性和选择性下降。

① 无定形硅酸铝催化剂的热稳定性较差，当温度高于650℃时很快就失活。

② 分子筛催化剂的热稳定性比无定形硅酸铝要高得多，对分子筛催化剂，一般在<650℃时催化剂失活很慢，在<720℃时失活并不严重，但当温度>730℃时失活问题就比较突出了。

（2）结焦失活　催化裂化反应生成的焦炭沉积在催化剂的表面上，覆盖催化剂上的活性中心，使催化剂的活性和选择性下降。随着反应的进行，催化剂上沉积的焦炭增多，失活程度也加大。工业催化裂化所产生的焦炭主要包括以下四类：

① 催化焦：催化焦是指烃类在催化剂活性中心上反应时生成的焦炭。其氢碳比较低（H/C原子比约为0.4）。催化焦随反应转化率的增大而增加。

结焦和堵塞引起的失活

② 附加焦：附加焦是指原料中的焦炭前身物（主要是稠环芳烃）在催化剂表面上吸附，经缩合反应产生的焦。附加焦与原料的残炭值、转化率及操作方式（如回炼方式）等因素有关。

③ 可汽提焦：可汽提焦也称为剂油比焦，是在汽提段汽提不完全而残留在催化剂上的重质烃类，其氢碳比较高。可汽提焦的量与汽提段的汽提效率、催化剂的孔结构等因素有关。

④ 污染焦：污染焦是指由于重金属沉积在催化剂表面上，促进了脱氢和缩合反应而产生的焦炭。污染焦的量与催化剂上的金属沉积量、沉积金属的类型及催化剂的抗污染能力等因素有关。

（3）毒物引起的失活　催化裂化催化剂的毒物主要是某些金属（铁、镍、铜、钒、银等重金属及碱金属和碱土金属）和碱性氮化合物。

① 重金属在催化裂化催化剂上的沉积会降低催化剂的活性和选择性，其中以镍和钒的影响最重要。在催化裂化反应条件下，镍起着脱氢催化剂的作用，使催化剂的选择性变差，其结果是焦炭产率增大，液体产品产率下降，产品的不饱和度增加，气体中的氢含量增大。银会破坏分子筛的晶体并使催化剂的活性下降。钒对选择性的影响与镍水平相当。重金属污染的影响还与其老化的程度及催化剂的抗金属污染能力有关。

② 碱金属和碱土金属以离子态存在时，可以吸附在催化剂的酸性中心上并使之中和，从而降低了催化剂的活性。在实际生产过程中，钠对催化裂化催化剂的中毒是需要注意的。钠会中和酸性中心而降低催化剂的活性，而且会降低催化剂的熔点，使之在再生温度条件下发生熔化现象，把分子筛和基质一同破坏。

中毒引起的失活

③ 碱性氮化合物对于催化裂化催化剂也是毒物，它会使催化剂的活性和选择性降低。碱性氮化合物的毒害作用大小除了与总碱氮含量有关外，还

与其分子结构有关，例如分子大小、杂环类型、分子的饱和程度等。

2. 催化裂化催化剂的再生

催化裂化催化剂在反应器和再生器之间不断地进行循环，通常在离开反应器时由于结焦而丧失活性。待生催化剂上含碳约1%，需在再生器内烧去积炭以恢复催化剂的活性。

对无定形硅酸铝催化剂，要求再生催化剂的含碳量降至0.5%以下，对分子筛催化剂则一般要求含碳量降至0.2%以下，而对超稳Y型分子筛催化剂则甚至要求含碳量降至0.05%以下。对一个催化裂化装置来说，催化裂化催化剂的再生过程决定着整个装置的热平衡和生产能力。

催化剂再生反应就是用空气中的氧烧去沉积的焦炭。由于焦炭本身是许多种化合物的混合物，主要由C和H元素组成，故可以写成以下反应式：

$$C+O_2 \longrightarrow CO_2$$

$$C+\frac{1}{2}O_2 \longrightarrow CO$$

$$H_2+\frac{1}{2}O_2 \longrightarrow H_2O$$

再生烟气中CO_2与CO含量的比值在1.1～1.3。在高温再生或使用CO助燃剂时，此比值可以提高，甚至可使烟气中的CO几乎全部转化为CO_2。再生烟气中还含有SO_x（SO_2、SO_3）和NO_x（NO、NO_2）。

通常氢的燃烧速率比碳快得多，当碳烧掉10%时，氢已烧掉一半，当碳烧掉一半时氢已烧掉90%。因此，碳的燃烧速率是再生能力的决定因素。

单元二　催化裂化工艺流程及主要设备

催化裂化工艺由反应-再生系统、分馏系统、吸收稳定系统和烟气能量回收系统等组成。

一、反应-再生系统

催化裂化反应-再生系统工艺流程

反应-再生系统是催化裂化工艺的核心部分。催化裂化装置可分为同轴式提升管催化裂化装置和高低并列式提升管催化裂化装置。高低并列式提升管催化裂化装置的反应-再生系统工艺流程如图4-3所示。

催化裂化反应-再生系统工艺操作

新鲜原料（减压馏分油）经换热后与回炼油混合，进入加热炉预热至300～380℃（温度过高会发生热裂解），借助于雾化水蒸气，由原料油喷嘴以雾化状态喷入提升管反应器下部（回炼油不经加热直接进入提升管），与来自再生器的高温催化剂（650～700℃）接触并立即汽化，油气与雾化蒸气及预提升水蒸气一起以7～8m/s的线速度携带催化剂沿提升管向上流动。边流动边进行化学反应，在490～520℃下，停留2～4s，以13～20m/s的线速度通过提升管出口，经过快速分离器，大部分催化剂被分出落入沉降器下部。气体（油气和蒸气）携带少量催化剂经两级旋风分离器分出夹带的催化剂后进入集气室，通过沉降器顶

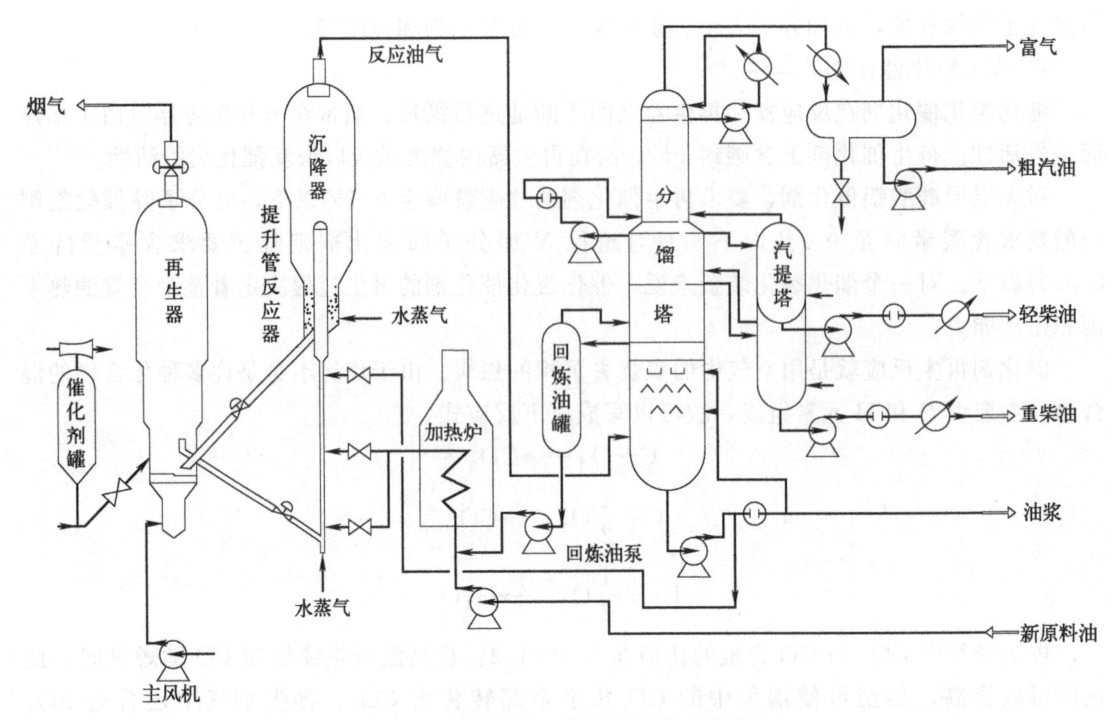

图 4-3　反应-再生和分馏系统的工艺流程

部出口进入分馏系统。

积有焦炭的催化剂（待生剂）自沉降器下部落入汽提段，用过热水蒸气汽提吸附在催化剂表面的油气。经汽提后的待生剂通过待生斜管、待生单动滑阀以切线方向进入再生器，与来自再生器底部的空气（由主风机提供）接触形成流化床层，进行再生反应，同时放出大量的燃烧热，以维持再生器足够高的床层温度。再生器密相段温度为650～700℃，顶部压力维持在0.15～0.25MPa（表压），床层线速度为0.7～2.0m/s。再生后的催化剂（再生剂）含碳量小于0.2%，经淹流管、再生斜管及再生单动滑阀进入提升管反应器，构成催化剂的循环。

烧焦产生的再生烟气，经再生器稀相段进入旋风分离器，经二级旋风分离器分出的大部分催化剂，烟气通过集气室进入三级旋风分离器进一步分离携带的催化剂，经三级旋风分离器分离的烟气分两路进入余热回收系统，一路经双动滑阀排入能量回收系统，另一路经烟机后排入能量回收系统。经二级旋风分离器回收的催化剂经旋风分离器的料腿返回床层。

在生产过程中，由于少量催化剂细粉随烟气排入大气和进入分馏系统随油浆排出，造成催化剂的损失，因此，需要定期地向系统内补充新鲜催化剂，以维持系统内的催化剂藏量。即使是催化剂损失很低的装置由于催化剂老化减活或受重金属污染，也需要放出一些废催化剂，补充一些新鲜催化剂以维持系统内催化剂的平衡活性。为此，装置内通常设有三个催化剂储罐，一个是供加料用的新鲜催化剂储罐，另一个是供卸料用的热平衡催化剂储罐，还有一个是废催化剂储罐。

保证催化剂在两器间按正常流向循环以及再生器有良好的流化状况是催化裂化装置的技术关键。可采用的反应-再生系统控制措施有：

① 由吸收稳定系统的气压机入口压力调节汽轮机转速控制富气流量，以维持沉降器顶

部压力恒定。

② 以再生器压力作为调节信号，由烟机入口蝶阀和双动滑阀控制再生器顶部压力。

③ 由提升管反应器出口温度控制再生滑阀开度来调节催化剂循环量，根据系统压力平衡要求由再生滑阀开度控制汽提段的料位高度。

④ 根据烟气中的氧含量（通常控制在3%～8%），调节主风量。

⑤ 一套比较复杂的自保系统主要有以下几方面。

a. 反应温度低自保。

b. 主风机出口低流量自保。

c. 主风机停机自保。

d. 两器差压自保。

e. 双动滑阀安全自停保护等。

自保系统的作用是当发生流化失常时立即自动采取某些措施以免发生事故。以反应温度低自保系统为例，当反应温度低于某个下限值时，就会出现催化剂带油现象，大量的油气带入再生器会导致再生器超温等事故。此时，反应温度低自保就自动进行以下动作：切断反应器进料并使进料返回原料油罐（或中间罐），向提升管通入事故水蒸气以维持催化剂的流化和循环。

二、分馏系统

分馏系统工艺流程

分馏系统的工艺流程如图4-3所示。由沉降器顶部出来的高温反应油气进入催化分馏塔下部，经装有挡板的脱过热段后进入分馏段，经分馏得到富气、粗汽油、轻柴油、重柴油、回炼油和回炼油浆。塔顶的富气和粗汽油去吸收稳定系统。轻柴油、重柴油分别经汽提、换热、冷却后出装置，轻柴油有一部分经冷却后送至再吸收塔作为吸收剂（贫吸收油），吸收了C_3、C_4组分的轻柴油（富吸收油）再返回分馏塔。回炼油返回提升管反应器进行回炼。塔底抽出的回炼油浆即为带有催化剂细粉的渣油部分，可送去回炼，另一部分作为塔底循环回流经换热后返回分馏塔脱过热段上方（也可将其中一部分冷却后送出装置）。为了取走分馏塔的过剩热量以使塔内气液负荷分布均匀，在塔的不同位置分别设有4个循环回流，即顶循环回流、一中段回流、二中段回流和油浆循环回流。与一般分馏塔相比，催化分馏塔有以下几方面特点：

（1）过热油气进料　分馏塔的进料是由沉降器来的490～520℃的过热油气，并夹带有少量催化剂细粉。为了创造分馏的条件，必须先把过热油气冷却至饱和状态并洗去夹带的催化剂细粉，以免在分馏时堵塞塔盘。为此，在分馏塔下部设有脱过热段，其中装有人字挡板，由塔底抽出油浆经换热、冷却后返回挡板上方与向上的油气逆流接触换热，达到冲洗粉尘和脱过热的目的。

（2）设置循环回流分段取热　由于全塔剩余热量多（由高温油气带入），催化裂化产品的分馏精确度要求也不高，因此设置4个循环回流分段取热。

（3）塔顶采用循环回流，而不用冷回流　其主要原因如下：

① 进入分馏塔的油气中含有大量惰性气和不凝气，若采用冷回流会影响传热效果或加大塔顶冷凝器的负荷。

② 采用循环回流可减少塔顶流出的油气量，从而降低分馏塔顶至气压机入口的压力降，使气压机入口压力提高，可降低气压机的动力消耗。

③ 采用顶循环回流可回收一部分热量。

三、吸收稳定系统

吸收稳定系统的目的在于将来自分馏部分的催化富气中的 C_2 以下组分（干气）与 C_3、C_4 组分（液化气）分离以便分别利用，同时将混入汽油中的少量气体烃分出，以降低汽油的蒸气压，保证符合商品规格。

吸收稳定系统按照吸收塔和解吸塔的设置可以分为单塔流程和双塔流程。

吸收塔和解吸塔分开的是双塔流程。典型工艺流程如图 4-4 所示。从分馏系统来的富气经气压机两段加压到 1.6MPa（绝），经冷凝冷却后，与来自吸收塔底部的富吸收油以及解吸塔顶部的解吸气混合，然后进一步冷却到 40℃，进入平衡罐（或称油气分离器）进行平衡汽化。气液平衡后将不凝气和凝缩油分别送去吸收塔和解吸塔。为了防止硫化氢和氮化物对后部设备的腐蚀，在冷却器的前后管线上以及对粗汽油都打入软化水洗涤，污水分别从平衡罐和粗汽油水洗罐排出。

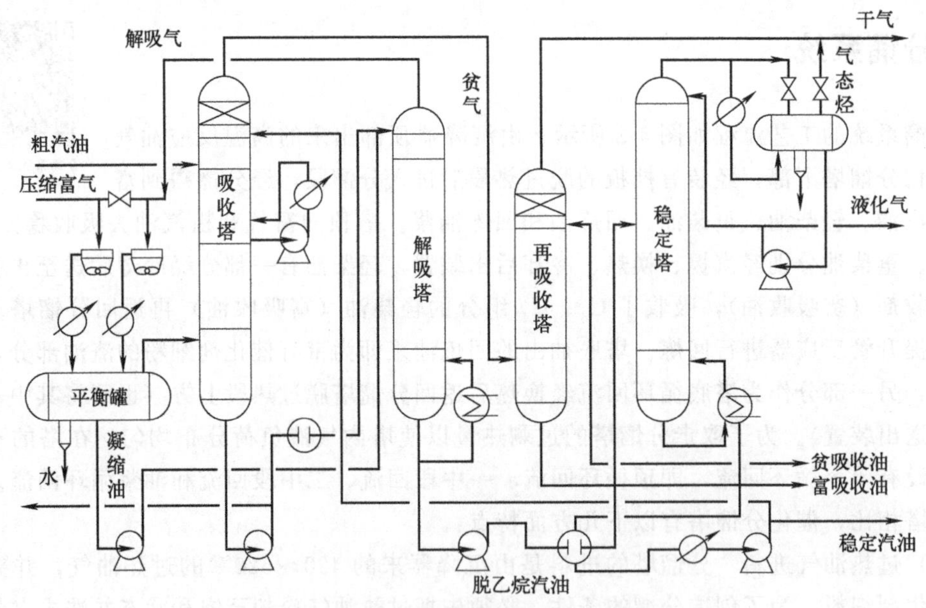

图 4-4　双塔吸收稳定系统工艺流程

吸收塔操作压力约 1.4MPa（绝）。粗汽油作为吸收剂由吸收塔 20 或 25 层打入。稳定汽油作为补充吸收剂由塔顶打入。从平衡罐来的不凝气进入吸收塔底部，自下而上与粗汽油、稳定汽油逆流接触，气体中 $\geqslant C_3$ 组分大部分被吸收（同时也吸收了部分 C_2）。吸收是放热过程，较低的操作温度对吸收有利，故在吸收塔设两个中段回流。吸收塔塔顶出来的携带有少量吸收剂（汽油组分）的气体称为贫气，经过压力控制阀去再吸收塔。经再吸收塔用轻柴油馏分作为吸收剂回收这部分汽油组分后返回分馏塔。从再吸收塔塔顶出来的干气送到瓦斯管网。再吸收塔的操作压力约 1.0MPa（绝）。

富吸收油中含有 C_2 组分，不利于稳定塔的操作，解吸塔的作用就是将富吸收油中的 C_2 解吸出来。富吸收油和凝缩油从平衡罐底抽出与稳定汽油换热到 80℃后，进入解吸塔顶部，解吸塔操作压力约 1.5MPa（绝）。塔底部有重沸器供热（用分馏塔的一中段循环回流作热源）。塔顶出来的解吸气除含有 C_2 组分外，还有相当数量的 C_3、C_4 组分，与压缩富气混合，经冷却进入平衡罐，重新平衡后又送入吸收塔。塔底为脱乙烷汽油。脱乙烷汽油中的 C_2 含量应严格控制，否则带入稳定塔过多的 C_2 会恶化稳定塔顶冷凝冷却器的效果，被迫排出不凝气而损失 C_3、C_4。

稳定塔实质上是一个从 C_5 以上的汽油中分出 C_3、C_4 的精馏塔。脱乙烷汽油与稳定汽油换热到 165℃，打到稳定塔中部。稳定塔底有重沸器供热（常用一中段循环回流作热源），将脱乙烷汽油中 C_4 以下轻组分从塔顶蒸出，得到以 C_3、C_4 为主的液化气，经冷凝冷却后，一部分作为塔顶回流，另一部分送去脱硫后出装置。塔底产品是蒸气压合格的稳定汽油，先后与脱乙烷汽油、解吸塔进料油换热，然后冷却到 40℃，一部分用泵打入吸收塔顶作补充吸收剂，其余部分送出装置。稳定塔的操作压力约 1.2MPa（绝）。为了控制稳定塔的操作压力，有时要排出不凝气（称气态烃），主要是 C_2 及少量夹带的 C_3、C_4。

在吸收稳定系统，提高 C_3 回收率的关键在于减少干气中的 C_3 含量（提高吸收率、减少气态烃的排放），而提高 C_4 回收率的关键在于减少稳定汽油中的 C_4 含量，提高稳定深度。

单塔流程（图 4-5），即一个塔同时完成吸收和解吸的任务。单塔流程是吸收塔和解吸塔合成一个整塔，上部为吸收段、下部为解吸段。由于吸收和解吸两个过程要求的条件不一样，在同一个塔内比较难做到同时满足。因此，单塔流程虽具有设备简单的优点，但 C_3、C_4 的吸收率较低，或脱乙烷汽油的 C_2 含量较高。双塔流程的优点是 C_3、C_4 吸收率较高，但脱乙烷汽油的 C_2 含量较低。双塔流程优于单塔流程，故目前多采用双塔流程，它能同时满足高吸收率和高解吸率的要求。

除以上三个系统外，现代催化裂化装置（尤其是大型装置）大都设有烟气能量回收系统，目的是最大限度地回收能量，降低装置能耗。

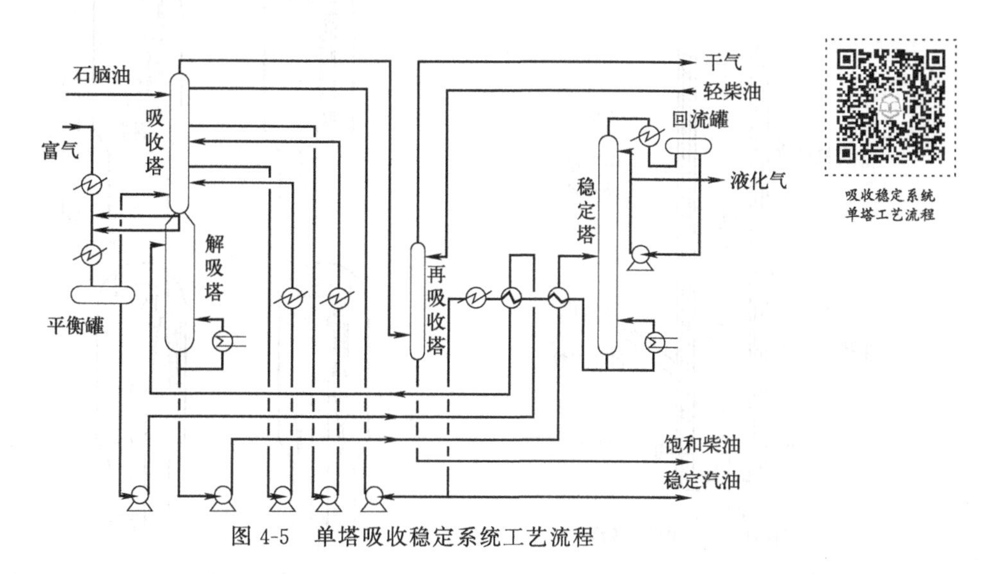

图 4-5　单塔吸收稳定系统工艺流程

四、催化裂化装置的主要设备

催化裂化装置的主要设备包括“三器”（提升管反应器、沉降器、再生器）、“三阀”（单动滑阀、双动滑阀、塞阀）、“三机”（主风机、气压机、增压机）及分馏塔等。

（一）“三器”

“三器”包括提升管反应器、沉降器及再生器。

1. 提升管反应器

（1）提升管反应器结构　提升管反应器是催化裂化反应进行的场所。常见的提升管反应器形式有两种，即直管式和折叠式。直管式多用于高低并列式提升管催化裂化装置，折叠式多用于同轴式和由床层反应器改为提升管的装置。直管式提升管反应器及沉降器的结构如图 4-6 所示。

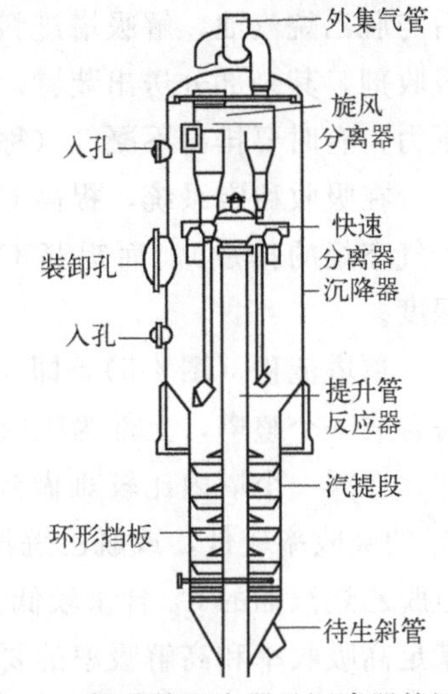

图 4-6　提升管反应器及沉降器简图

（2）预提升段　进料口以下的一段称为预提升段（图 4-7），其作用是由提升管底部吹入蒸汽（称为预提升蒸汽），使出再生斜管的再生催化剂加速，以保证催化剂与原料油相遇时均匀接触。这种作用叫做预提升。

（3）快速分离装置　为了使油气在离开提升管后立即终止反应，提升管出口均设有快速分离装置，其作用是使油气与大部分催化剂迅速分开。快速分离器的类型很多，如图 4-8 所示。常用的有伞帽形分离器（a）、倒 L 形分离器（b）、T 形分离器（c）、粗旋风分离器（d）、弹射快速分离器（e）和垂直齿缝式快速分离器（f）。

提升管中还设有热电偶管、测压管、采样口等。

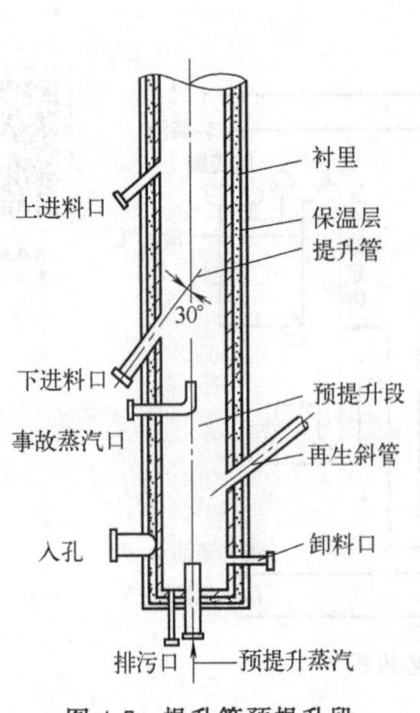

图 4-7　提升管预提升段

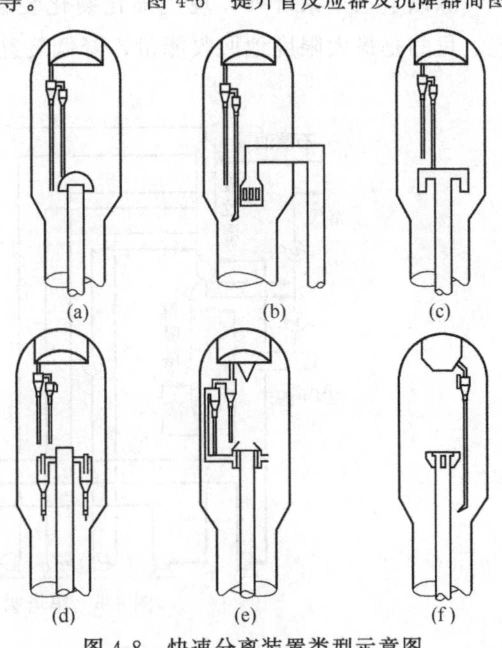

图 4-8　快速分离装置类型示意图

2. 沉降器

沉降器结构

沉降器的作用是使来自提升管的油气和催化剂分离，沉降器是用碳钢焊制成的圆筒形设备，上段为沉降段，下段为汽提段。

沉降段内装有数组旋风分离器，顶部是集气室并开有油气出口。来自提升管的油气和催化剂分离，油气经旋风分离器分出所夹带的催化剂后经集气室去分馏系统，由提升管快速分离器出来的催化剂靠重力在沉降器中向下沉降落入汽提段。汽提段内设有数层人字挡板和蒸汽吹入口，其作用是将催化剂夹带的油气用过热蒸汽吹出（汽提），并返回沉降段，以减少油气损失和减小再生器的负荷。

沉降器多采用直筒形，直径大小根据气体（油气、蒸汽）流率及线速度确定，沉降的线速度一般不超过 0.6m/s。沉降段的高度由旋风分离器料舱压力平衡所需料腿长度和所需沉降高度确定，通常为 9～12m。

3. 再生器

再生器结构

再生器作用是为催化剂再生提供场所和条件。它的结构形式和操作状况直接影响烧焦能力和催化剂损耗。再生器是决定整个装置处理能力的关键设备。图 4-9 为常规再生器的结构。再生器由筒体和内部构件组成。

（1）筒体　再生器筒体是由 Q235 碳钢焊接而成的，由于经常处于高温环境中和受催化剂颗粒冲刷，因此筒体内壁敷设一层隔热、耐磨衬里以保护设备材质。筒体上部为稀相段，下部为密相段，中间变径处通常叫做过渡段。

① 密相段：密相段是待生催化剂进行流化和再生反应的主要场所。在空气（主风）的作用下，待生催化剂在这里形成密相流化床层，密相床层气体线速度一般为 0.6～1.0m/s，采用较低气速的叫做低速床，采用较高气速的称为高速床。密相段的直径大小通常由烧焦所能产生的湿烟气量和气体线速度确定。密相段的高度一般由催化剂藏量和密相段催化剂密度确定，一般为 6～7m。

② 稀相段：稀相段实际上是催化剂的沉降段。为了使催化剂易于沉降，稀相段气体线速度不能太高，要求不大于 0.7m/s，因此稀相段直径通常大于密相段直径。稀相段高度应由沉降要求和旋风分离器料腿长度确定，适宜的稀相段高度是 9～11m。

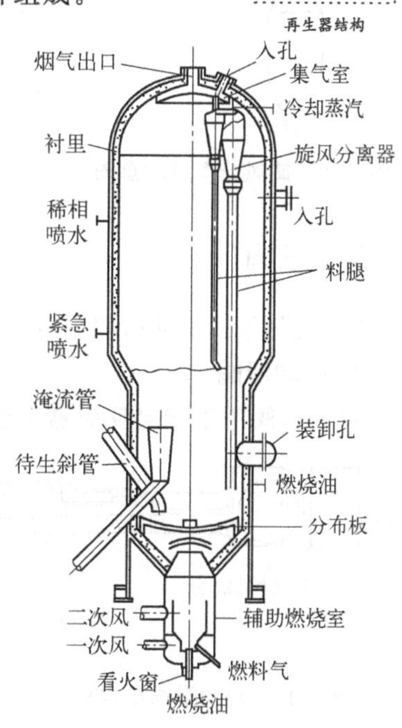

图 4-9　再生器结构示意图

（2）内部构件

① 旋风分离器：旋风分离器是气固分离并回收催化剂的设备，它的操作状况好坏直接影响催化剂耗量的大小。如图 4-10 所示，旋风分离器的结构由内圆柱筒、外圆柱筒、圆锥筒以及灰斗组成。灰斗下端与料腿相连，料腿出口装有翼阀。

旋风分离器中气流以很高的速度（15～25m/s）从切线方向进入旋风分离器，并沿内外圆柱筒间的环形通道做旋转运动，使固体颗粒产生离心力，造成气固分离的条件，颗粒沿锥体下转进入灰斗，气体从内圆柱筒排出。

灰斗的作用是脱气，即防止气体被催化剂带入料腿。

料腿的作用是将回收的催化剂输送回床层，为此，料腿内的催化剂应具有一定的料面高度以保证催化剂顺利下流，这也是要求料腿有一定长度的原因。

翼阀的作用是密封，即允许催化剂流出而阻止气体倒窜（图 4-11）。

② 主风分布管：主风分布管是再生器的空气分配器，其作用是使进入再生器的空气均匀分布，防止气流趋向中心部位，以形成良好的流化状态，保证气固相均匀接触，强化再生反应。

③ 辅助燃烧室：辅助燃烧室是一个特殊形式的加热炉，设在再生器下面（可与再生器连为一体，也可分开设置），其作用是开工时用以加热主风使再生器升温，紧急停工时维持一定的降温速度，正常生产时只作为主风的通道。

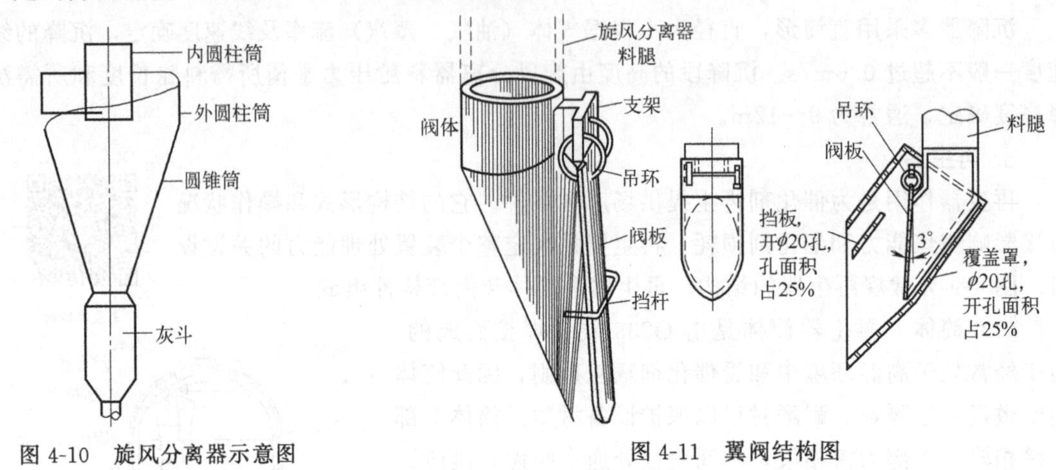

图 4-10　旋风分离器示意图　　图 4-11　翼阀结构图

（二）“三阀”

“三阀”包括单动滑阀、双动滑阀和塞阀。

1. 单动滑阀

单动滑阀用于床层反应器催化裂化和高低并列式提升管催化裂化装置。对提升管催化裂化装置，单动滑阀安装在输送催化剂的两根斜管上，其作用是正常操作时调节催化剂在两器间的循环量，出现重大事故时切断再生器与反应沉降器之间的联系，以防造成更大的事故。在运转过程中，滑阀的正常开度为 40%～60%。单动滑阀的结构如图 4-12 所示。

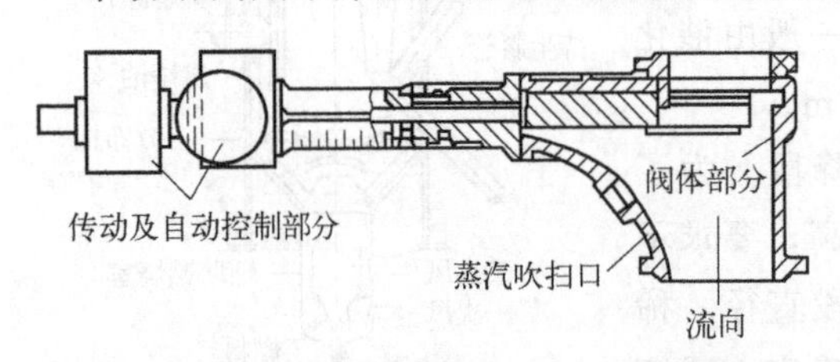

图 4-12　单动滑阀结构示意图（侧剖视）

2. 双动滑阀

双动滑阀是一种两块阀板双向动作的超灵敏调节阀，安装在再生器出口管线上（烟囱），其作用是调节再生器的压力，使之与反应沉降器保持一定的压差。设计滑阀时，两块阀板都留有一个缺口，即使滑阀全关时，中心也有一定大小的通道，这样可避免再生器超压。图 4-13 为双动滑阀的结构。

3. 塞阀

在同轴式催化裂化装置中利用塞阀调节催化剂的循环量。塞阀与滑阀相比，具有以下优点。

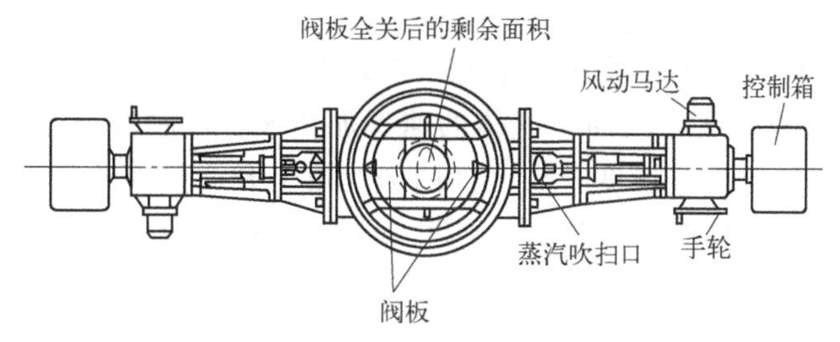

图 4-13　双动滑阀结构示意图

① 磨损均匀而且较少。

② 高温下承受强烈磨损的部件少。

③ 安装位置较低，操作维修方便。

在同轴式催化裂化装置中塞阀有待生管塞阀和再生管塞阀两种，它们的阀体结构和自动控制部分完全相同，但阀体部分连接部位及尺寸略有不同。结构主要由阀体部分、传动部分、定位及阀位变送部分和补偿弹簧箱组成。

（三）“三机”

“三机”包括主风机、气压机和增压机。

主风机是将空气加压后（称为主风）供给再生器烧焦，并使再生器的催化剂流化。气压机是用以压缩富气至一定的压力然后送往吸收塔。在同高并列式催化裂化装置中，增压机将一部分主风再提压后（称为增压风）送入待生 U 形管，由于单动滑阀通常处于全开位置，所以用增压风流量调节催化剂的循环量。在高低并列式或同轴式催化裂化装置中，催化剂的循环量是由单动滑阀或塞阀控制的，一般不用增压机。

单元三　催化裂化的主要操作条件

催化裂化操作参数的选择应根据原料和催化剂的性质而定，各操作参数的综合影响应以得到尽可能多的高质量汽油、柴油，在气体产品中得到尽可能多的烯烃，在满足热平衡的条件下尽可能少产焦炭为目的。

一、催化裂化反应操作的影响因素

（一）反应温度

反应温度是生产中的主要调节参数，也是对产品产率和质量影响最灵敏的参数。

（1）反应温度高则反应速率增大　催化裂化反应的活化能比热裂化活化能低，而反应速率常数的温度系数是热裂化比催化裂化高。因此，当反应温度升高时，热裂化反应的速率提高比较快。当温度高于 500℃时，热裂化趋于重要，产品中出现热裂化产品的特征（气体中 C_1、C_2 多，产品的不饱和度上升）。但是即使这样高的温度，催化裂化的反应仍占主导地位。

(2) 反应温度可以通过各类反应速率的大小来影响产品的分布和质量　催化裂化是平行-顺序反应，提高反应温度，汽油→气体的速率加快最多，原料→汽油的速率加快较少，原料→焦炭的速率加快更少。温度升高汽油的辛烷值上升，但汽油产率下降，气体产率上升，产品的产量和质量对温度的要求产生矛盾，必须适当地选取温度。

① 要求多产柴油时，可采用较低的反应温度（460～470℃），在低转化率下进行大回炼操作。

② 当要求多产汽油时，可采用较高的反应温度（510～520℃），在高转化率下进行小回炼操作或单程操作。

③ 多产气体时，反应温度则更高。

装置中的反应温度以沉降器出口温度为标准，但同时也要参考提升管中下部温度的变化。直接影响反应温度的主要因素是再生温度或再生催化剂进入反应器的温度、催化剂循环量和原料预热温度。

(3) 提升管反应器温度控制　一般提升管反应器出口温度控制目标为485～535℃，控制方式主要由再生滑阀开度控制，原料油预热温度辅助调节。

(4) 再生器温度控制　一般再生器温度控制目标为不大于700℃，生产中的控制方式采用调整汽提蒸汽量改变生焦量、调整再生器主风量改变再生器烧焦比例、调整外取热器取热量来控制再生器密相温度。

（二）反应压力

反应压力是指反应器内的油气分压。

油气分压提高意味着反应物浓度提高，因而反应速率加快，同时生焦的反应速率也相应提高。虽然压力对反应速率影响较大，但是在操作过程中压力一般是固定不变的，因而压力不作为调节操作的变量，工业装置中一般采用不太高的压力（0.1～0.3MPa）。

催化裂化装置的操作压力主要不是由反应系统决定的，而是由反应器与再生器之间的压力平衡决定的。一般来说，对于给定大小的设备，提高压力是增加装置处理能力的主要手段。

① 沉降器顶部压力即反应压力。

② 一般沉降器压力控制目标为0.11～0.20MPa，控制方式在生产中主要通过调节反飞动流量及气压机转数来控制。

③ 再生压力为自动选择控制系统，控制目标为0.15～0.24MPa。通过调节烟机入口蝶阀、双动滑阀的开度来达到对再生压力的自动控制。

（三）剂油比（C/O）

剂油比是单位时间内进入反应器的催化剂量（即催化剂循环量）与总进料量之比。

剂油比反映了单位催化剂上有多少原料进行反应并在其上积炭。因此，提高剂油比，则催化剂上积炭少，催化剂活性下降小，转化率增加。但催化剂循环量过高将降低再生效果。

在实际操作过程中，剂油比是一个因变参数，一切引起反应温度变化的因素，都会相应地引起剂油比的改变。

改变剂油比最灵敏的方法是调节再生催化剂的温度和原料的预热温度。

（四）原料的性质

原料性质也影响产品分布，当转化率相同时：

① 石蜡基原料的汽油及焦炭产率较低，气体产率较高；

② 环烷基原料的汽油产率高，气体产率低；

③ 芳香基原料的汽油产率居中，焦炭产率高。当用特性因数表示原料的烃组成时，特性因数小的原料（芳烃多）较难裂化。

分子筛催化剂不仅能很快裂化高分子原料，也能很快裂化低分子原料。因此，使用分子筛催化剂对增产汽油比较有利。分子筛催化剂对芳烃的裂化速率较慢，与对烷烃和环烷烃的裂化速率相差较小。但分子筛催化剂易受原料内含氮化合物的毒害作用以及重金属的污染，使其活性和选择性下降，焦炭产率上升，液体产率下降，产品不饱和度上升。

（五）空速和反应时间

在催化裂化过程中，催化剂不断地在反应器和再生器之间循环，但是在任何时间，两器内都各自保持一定的催化剂量，两器内经常保持的催化剂量称为藏量。在流化床反应器内，藏量通常是指分布板上的催化剂量。

每小时进入反应器的原料油量与反应器藏量之比称为空速。空速有质量空速和体积空速之分，体积空速是进料流量按 20℃时计算的。空速的大小反映了反应时间的长短，其倒数为反应时间。

反应时间在生产过程中不是可以任意调节的，它是由提升管的容积和进料总量决定的。但在生产过程中反应时间是变化的，进料量的变化及其他条件引起的转化率的变化，都会引起反应时间的变化。反应时间短，转化率低；反应时间长，转化率高。过长的反应时间会使转化率过高，汽油、柴油收率反而下降，液态烃中的烯烃饱和。

（六）再生催化剂的含碳量

再生催化剂的含碳量是指经再生后的催化剂上残留的焦炭含量。对分子筛催化剂来说，裂化反应生成的焦炭主要沉积在分子筛催化剂的活性中心上，再生催化剂含碳过高，相当于减少了催化剂中分子筛的含量，催化剂的活性和选择性都会下降，因而转化率大大下降，汽油产率下降，溴价上升，诱导期下降。

（七）回炼比

回炼比虽不是一个独立的变量，但却是一个重要的操作条件。在操作条件和原料性质大体相同的情况下，增加回炼比则转化率上升，汽油、气体和焦炭产率上升，但处理能力下降。

在转化率大体相同的情况下，若增加回炼比，则单程转化率下降，轻柴油产率有所增加，反应深度变浅。反之，回炼比太低，虽处理能力较强，但轻质油总产率仍不高。因此，增加回炼比，降低单程转化率是增产柴油的一项措施。但是增加回炼比后，反应所需的热量大大增加，原料预热炉、反应器和分馏塔的负荷会随之增加，能耗也会增加。因此，要根据生产实际综合选定回炼比。

二、催化裂化反应-再生系统的三大平衡

催化裂化反应-再生系统催化剂再生循环

反应-再生系统操作的平稳性，对整个装置的影响极大，它一般包括压力平衡、热平衡及物料平衡这三大平衡（表 4-1）。

表 4-1 催化裂化反应-再生系统的三大平衡

项目	内容	调节方式
压力平衡	两器压力平衡	在系统的压力平衡中，一般要求两器压力大致相等。当两器压差超过规定的范围时，就会引起操作波动，容易发生催化剂从一器向另一器倒流而破坏立管料封，或者再生空气倒窜入反应器，或者反应油气倒窜入再生器，这都可能造成爆炸事故。因此，在生产过程中要求单动滑阀、双动滑阀动作准确、灵敏、稳定，以确保两器的压力平衡。 在两器压差调节过程中，一般是用气压机转速和气体循环量来控制反应器压力的平稳，而再生器压力的调节，反应器和再生器压力的平稳，使两器压差保持相对稳定。目前多数通过再生压力调节器控制双动滑阀开度，实现再生压力的平稳
热平衡	再生烧焦所产生的热量与反应所吸收的热量达到平衡	在系统运转过程中，原料油的质量和反应条件发生变化，使回炼油量、总进料量和焦炭的生成量也随之变化。若生焦量增加，要及时增大主风以增加再生器烧焦量，否则催化剂上的积炭增多，催化剂活性下降，选择性也随之变坏，又促使生焦率增加，烧焦更不完全，从而形成恶性循环。 在操作过程中主要是通过调节两器间催化剂的循环量来控制两器间的热量平衡，以保持要求的反应温度。再生热量是由燃烧焦产生的，所以焦炭生成量是影响热平衡的基本因素，而进料预热和喷燃烧油只作为反应需热的补充手段，对于热量过剩的渣油催化裂化装置来说，再生器的取热措施也是必要的手段
物料平衡	催化剂和原料在数量上的平衡	催化剂和原料在数量上的平衡是通过选择合适的剂油比控制的，它们与进料量、反应器催化剂藏量和催化剂循环量有关，对于特定的催化剂在其自然平衡活性下，剂油比的大小对反应效率影响较大
	单程转化率和回炼比的平衡	单程转化率与回炼比的平衡是有关装置处理能力和轻质油收率的问题，进行循环裂化时，适当地降低单程转化率，控制裂化深度（如降低反应温度），在达到相同的最终转化率（总转化率）时，就可以使气体和焦炭产率减少，轻油收率提高。但是单程转化率低，则回炼比增大，处理能力下降。因此，需要根据原料的性质，选择适当的条件，达到适中的单程转化率，使处理量和轻油收率都较高，以达到最好的经济效益
	催化剂损失与补充的平衡	催化剂在两器中循环，由于催化剂不断地老化、污染中毒和磨损、质量变坏而需要置换；两器顶部经旋风分离器排出的气流中总是要带出一些催化剂细粉，再生烟气也要带出部分催化剂；由于重金属污染严重还要卸出一部分催化剂。以上这些情况都会使系统中催化剂减少，需要在反应过程中不断地补充新鲜催化剂，以保持系统内的催化剂藏量不变，同时使活性、粒度、金属毒物的含量等保持在一定的范围内，以满足操作要求

读一读　催化裂化与“碳减排”

“双碳”目标的提出使电动汽车和新能源快速发展，给能源行业尤其是炼油行业带来了巨大冲击和挑战。目前，催化裂化汽油占车用汽油池总量的 70%，因而催化裂化装置的长周期稳定运行是实现汽油稳定生产和碳减排的关键。其工艺改进、装置设计和操作等仍需在降低低价值产品产率和装置能耗等方面加强研发和优化，以实现节能减排。

催化裂化装置在控制沉降器结焦、烟机结垢、反应器-再生器内构件故障、分离系统故障、腐蚀等风险方面，以及加强衬里管理、设备管理等工作方面，应加大力度。同时对烟气排放的关注点从净化烟气中 SO_2、氮氧化物（NO_x）和颗粒物（PM）排放浓度是否满足排放限值要求，逐步转向工艺平稳运行、设备长周期运行、高盐废水进一步治理，以及进一步降低生产运行成本，减少烟气中携带 SO_3 气溶胶和可凝结颗粒物（可溶性盐）的排放等方面。

自测习题

一、选择题

1. 不属于反应-再生系统平衡的是（　　）。

A. 压力平衡　　B. 热平衡　　C. 物料平衡　　D. 反应速率平衡

2. 裂化干气中 H_2/CH_4 值用来判断催化剂的（　　）。

A. 选择性　　B. 热稳定性　　C. 活性　　D. 抗金属污染性能

3. 催化裂化的主要反应是（　　）。

A. 分解　　B. 缩合　　C. 聚合　　D. 加氢

4. 催化裂化反应中的分解反应为（　　）。

A. 高压反应　　B. 低压反应　　C. 放热反应　　D. 吸热反应

5. 工业上常用的催化裂化催化剂有（　　）。

A. 双功能催化剂　　B. 分子筛型催化剂

C. 铂金属催化剂　　D. 金属催化剂

6. 不属于催化裂化装置催化剂失活的主要原因是（　　）。

A. 污染中毒　　B. 结焦　　C. 水热失活　　D. 金属聚集

7. 催化裂化工艺实践中（　　）是调节转化率的主要参数。

A. 压力　　B. 温度　　C. 空速　　D. 剂油比

8. 催化裂化的主要原料是（　　）。

A. 石脑油　　B. 粗柴油　　C. 重油　　D. 减压蜡油

9. 催化裂化反应温度控制在（　　）左右。

A. 200℃　　B. 350℃　　C. 500℃　　D. 700℃

10. 催化裂化主要调节参数是（　　）。

A. 温度　　B. 压力　　C. 剂油比　　D. 回炼油

二、填空题

1. 催化裂化催化剂的使用性能包括________、________、________、________、________等。

2. 催化裂化反应主要有________、________、________、________。原料可采取________、________。

3. Y 型分子筛失活原因有________、________和________。

4. 催化裂化三器是指________、________、________。

5. 催化裂化反应操作影响因素包括________、________、________、原料性质、空速和反应时间、回炼比以及再生催化剂的含碳量。

三、判断题

1. 随着内燃机技术的发展，对轻质油品的质量要求没有那么高了。（ ）
2. 催化裂化汽油辛烷值比直馏汽油高。（ ）
3. 催化裂化柴油十六烷值比直馏柴油高。（ ）
4. 催化裂化气体中 C_3、C_4 烃类含量多，热裂化气体中 C_1、C_2 烃类多。（ ）
5. 催化裂化过程中，分解反应和异构化反应是我们希望的反应。（ ）
6. 石油馏分催化裂化反应是气固相反应。（ ）
7. 催化裂化过程中要生成一些焦炭，焦炭主要由碳和氢组成。（ ）
8. 催化裂化反应过程所需的热量主要是由再生器提供的。（ ）
9. 催化裂化的反应深度对产品产率的分布有重要影响。（ ）
10. 催化剂再生过程是放热反应过程，其热量由再生剂带入反应器。（ ）

四、简答题

1. 试写出催化裂化的主要原料和产品。
2. 试比较热裂化、催化裂化产品的特点。
3. 催化裂化装置由哪几个系统组成？各个系统的作用是什么？
4. 说明旋风分离器气固分离的原理。
5. 催化裂化催化剂被污染时气体产品有什么特征？为什么？

模块五

催化加氢

知识目标

了解催化加氢生产过程的作用和地位、发展趋势。

掌握催化加氢生产原料来源与组成、主要反应原理及特点、催化剂的组成与性质、工艺流程及操作影响因素分析。

技能目标

能根据原料的来源与组成、催化剂的组成和结构、工艺过程、操作条件，对加氢产品的组成与特点进行分析与判断。

能对影响加氢生产过程的因素进行分析和判断，进而能对实际生产过程进行操作和控制。

素质目标

树立良好的学习观念和职业道德。

认识石油加工行业安全保护技术。

单元一　加氢处理

催化加氢是在氢气存在的条件下对石油馏分进行催化加工过程的统称，催化加氢技术包括加氢处理和加氢裂化两类。

一、加氢处理的化学反应

加氢处理主要用于油品精制，其目的是除掉油品中的硫、氮、氧杂原子及金属杂质，改善油品的使用性能。加氢处理具有原料油的范围宽、产品灵活性大、液体产品收率高、产品质量高、对环境友好、劳动强度小等优点，因此广泛用于原料预处理和产品精制。

加氢处理的主要反应有加氢脱硫、加氢脱氮、加氢脱氧、加氢脱金属以及烯烃和芳烃的加氢饱和等。

（一）加氢脱硫反应

石油馏分中的硫化物主要有硫醇、硫醚、二硫化合物及杂环硫化物，在加氢条件下发生氢解反应，生成烃和 H_2S。

（1）硫醇　通常集中在低沸点馏分中，随着沸点的上升，硫醇含量显著下降，大于300℃的馏分中几乎不含硫醇。

$$RSH + H_2 \longrightarrow RH + H_2S$$

（2）硫醚　存在于中沸点馏分中，300～500℃馏分的硫化物中，硫醚可占50%。重质馏分中，硫醚含量一般较低。

$$RSR' + H_2 \longrightarrow R'SH + RH$$
$$R'SH \xrightarrow{H_2} R'H + H_2S$$

（3）二硫化物　一般存在于110℃以上馏分中，300℃以上馏分中的含量无法测定。

$$RSSR + H_2 \longrightarrow RSH \longrightarrow RH + H_2S$$
$$RSH \longrightarrow RSR + H_2S$$

（4）杂环硫化物　是中沸点馏分中的主要硫化物。沸点在400℃以上的杂环硫化物多属于单环环烷烃衍生物，多环衍生物的浓度随分子环数增加而下降。

$$\text{(硫色满)} + 3H_2 \longrightarrow C_6H_5\text{—}C_3H_5 + H_2S$$

$$\text{(噻吩)} + H_2 \longrightarrow \text{(四氢噻吩)} \xrightarrow{H_2} C_4H_9SH \xrightarrow{H_2} C_4H_{10} + H_2S$$

含硫化合物的加氢反应速率与其分子结构有密切关系，不同类型含硫化合物的加氢反应速率按以下顺序递减：硫醇＞二硫化物＞硫醚＞噻吩＞苯并噻吩＞二苯并噻吩。

（二）加氢脱氮反应

石油馏分中的氮化物主要是杂环氮化物和少量的脂肪胺或芳香胺。在加氢条件下，反应生成烃和 NH_3。主要反应如下：

（1）脂肪胺及芳香胺加氢脱氮反应

$$R-CH_2-NH_2+H_2 \longrightarrow R-CH_3+NH_3$$

（2）吡啶、喹啉类碱性杂环化合物加氢反应

$$\text{吡啶} + 5H_2 \longrightarrow C_5H_{12} + NH_3$$

$$\text{喹啉} + 7H_2 \longrightarrow \text{环己基}-C_3H_7 + NH_3$$

（3）吡咯、茚及咔唑类非碱性化合物的加氢脱氮反应

$$\text{吡咯} + 4H_2 \longrightarrow C_4H_{10} + NH_3$$

加氢脱氮反应包括两种不同类型的反应，即 $C{=}N$ 的加氢和 $C-N$ 键的断裂反应，因此，加氢脱氮反应较脱硫困难。加氢脱氮反应中会受热力学平衡的影响。

馏分越重，氮含量越高，所以馏分越重加氢脱氮越困难。重馏分氮化物结构更复杂，空间位阻效应增强，且氮化物中芳香杂环氮化物最多。在加氢处理中，加氢脱硫比加氢脱氮反应容易进行，在几种杂原子化合物中含氮化合物的加氢反应最难进行。

（三）加氢脱氧反应

石油和石油馏分中含氧化合物很少，含氧化合物主要是环烷酸及少量的酚、脂肪酸、醛、醚及酮。含氧化合物在加氢条件下通过氢解生成烃和 H_2O。主要反应如下：

（1）酸类化合物的加氢反应

$$R-COOH+3H_2 \longrightarrow R-CH_3+2H_2O$$

（2）苯酚类加氢反应

$$\text{苯酚}(C_6H_5-OH) + H_2 \longrightarrow \text{苯} + H_2O$$

（3）环烷酸加氢反应

$$\text{环己基}-COOH + 3H_2 \longrightarrow \text{环己基}-CH_3 + 2H_2O$$

含氧化合物反应活性的顺序为：呋喃环类＞酚类＞酮类＞醛类＞烷基醚类。

含氧化合物在加氢反应条件下分解得很快，对杂环氧化物，当有较多的取代基时，反应活性较低。

（四）加氢脱金属反应

石油馏分中的金属主要有镍、钒、铁、钙等，主要存在于重质馏分，尤其是渣油中。这些金属对石油炼制过程，尤其对各种催化剂参与的反应影响较大，必须除去。

渣油中的金属可分为卟啉化合物（如镍和钒的络合物）和非卟啉化合物（如环烷酸铁、环烷酸钙、环烷酸镍）。以非卟啉化合物形式存在的金属反应活性高，很容易在 H_2/H_2S 存

在的条件下转化为金属硫化物沉积在催化剂表面上。以卟啉型存在的金属化合物先可逆地生成中间产物，然后中间产物进一步氢解，生成的硫化态镍以固体形式沉积在催化剂上。脱掉的金属会沉积在催化剂表面上引起催化剂失活，所以加氢处理催化剂要周期性地进行更换。加氢脱金属的反应如下：

$$R—M—R' \xrightarrow{H_2, H_2S} MS + RH + R'H$$

加氢处理脱除氧、氮、硫及金属杂质进行不同类型的反应，这些反应一般是在同一催化剂床层进行，此时要考虑各反应之间的相互影响。如含氮化合物的吸附会使催化剂表面中毒，氮化物的存在会导致活化氢从催化剂表面活性中心脱除，而使加氢脱氧反应速率下降。也可以在不同的反应器中采用不同的催化剂分别进行反应，以减小反应之间的相互影响和优化反应过程。

（五）烯烃的加氢饱和

在各类烃中，环烷烃和烷烃很少发生反应，而大部分的烯烃与氢反应生成烷烃。

$$R—CH{=}CH_2 + H_2 \longrightarrow R—CH_2CH_3$$

烯烃饱和反应是放热反应，对不饱和烃含量较高的原料油加氢，要注意控制床层温度，防止超温。加氢反应器都设有冷氢盘，可以靠打冷氢来控制温升。

（六）芳烃的加氢饱和

原料油中的芳烃加氢，主要是稠环芳烃（萘系和蒽系、菲系化合物）的加氢，单环芳烃是较难加氢饱和的，芳环上带有烷基侧链时，则芳环的加氢会变得困难。

提高反应温度，芳烃加氢转化率下降；提高反应压力，芳烃加氢转化率升高。芳烃加氢是逐环依次进行的加氢饱和，第一个环的饱和较容易，之后加氢难度随加氢深度逐环增大；每个环的加氢反应都是可逆反应，并处于平衡状态；稠环芳烃的加氢深度往往受化学平衡的控制。

加氢精制中各类加氢反应由易到难的顺序如下：脱硫＞脱氧＞脱氮、环烯＞烯≫芳烃、多环＞双环≫单环。

二、加氢处理催化剂

加氢处理催化剂的种类很多，目前广泛采用的有：以氧化铝为载体的钼酸钴（Co-Mo/γ-Al_2O_3），以氧化铝为载体的钼酸镍（Ni-Mo/γ-Al_2O_3），以氧化铝为载体的钴钼镍（Mo-Co-Ni/γ-Al_2O_3），以氧化铝为载体的钼酸镍（Ni-Mo/γ-Al_2O_3），以及后来开发的 Ni-W 系列等。它们对各类反应的活性顺序为：

加氢饱和：Pt、Pd>Ni>Ni-W>Ni-Mo>Co-Mo>Co-W。

加氢脱硫：Co-Mo>Ni-Mo>Ni-W>Co-W。

加氢脱氮：Ni-W>Ni-Mo>Co-Mo>Co-W。

加氢活性主要取决于金属的种类、含量、化合物状态及在载体表面的分散度等。加氢处理催化剂特点：

① 使用前需进行预硫化，以提高催化剂的活性，延长其使用寿命；预硫化过程一般分为催化剂干燥、硫化剂吸附和硫化三个主要步骤。例如用 CS_2 为硫化剂。

② 加氢催化剂在使用过程中由于结焦和中毒，催化剂的活性及选择性会下降，不能达到预期的加氢目的，必须停工再生或更换新催化剂。在严格控制的再生条件下，烧去催化剂表面沉积的焦炭。

三、加氢处理工艺

加氢处理根据处理的原料可划分为两个主要工艺：一是馏分油产品的加氢处理，包括传统的石油产品加氢精制和原料的预处理；二是渣油的加氢处理。

（一）馏分油加氢处理

馏分油加氢处理，主要有二次加工汽油、柴油的精制和含硫、芳烃高的直馏煤油馏分精制。一般馏分油加氢处理工艺流程如图 5-1 所示。

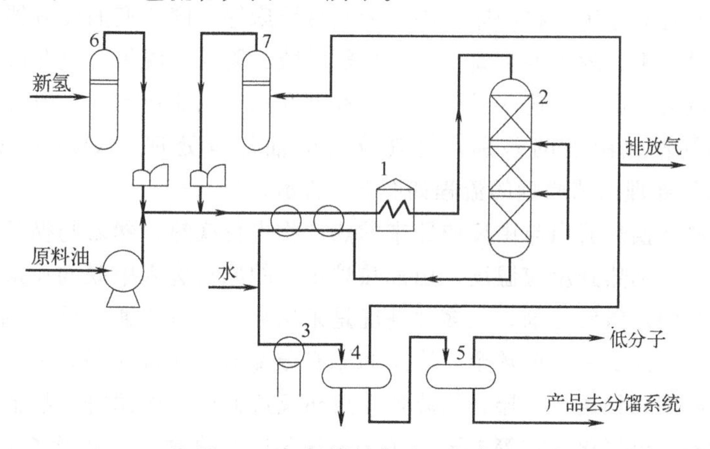

图 5-1 加氢精制典型工艺流程

1—加热炉；2—反应器；3—冷却器；4—高压分离器；5—低压分离器；6—新氢储罐；7—循环氢储罐

原料油和新氢、循环氢混合后，与反应产物换热，再经加热炉加热到一定的温度后进入反应器，完成硫、氮等非烃化合物的氢解和烯烃加氢反应。反应产物从反应器底部导出经换热冷却进入高压分离器，分出不凝气和氢气循环使用，馏分油则进入低压分离器进一步分离轻烃组分，产品则去分馏系统分馏成合格产品。加氢过程为放热反应，循环氢本身即可带走反应热。但是，对于芳烃含量较高的原料，且又需深度芳烃饱和加氢时，由于反应热大，单靠循环氢不足以带走反应热，因此需在反应器床层间加入冷氢，以控制床层温度。

在处理硫、氮含量较低的馏分油时，一般在高压分离器前注水，即可将循环氢中的硫化氢和氨除去。对于处理含硫量高的原料，循环氢中的硫化氢含量达到 1%以上时，常用硫化氢回收系统，一般用乙醇胺吸收除去硫化氢，富液再生循环使用，流程如图 5-2 所示。解吸出来的硫化氢则送去制硫装置。

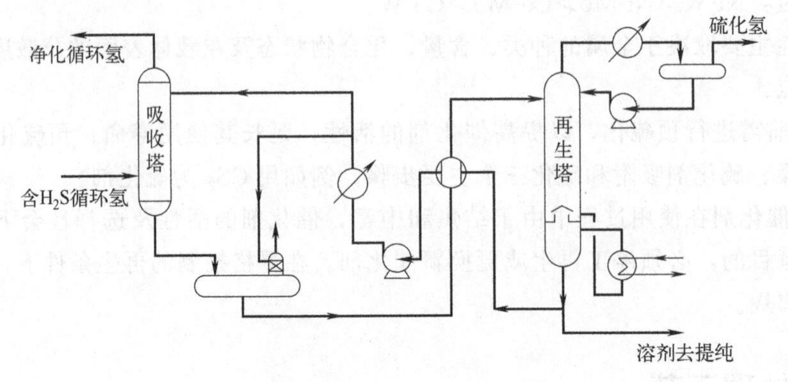

图 5-2　循环氢脱 H_2S 工艺流程

（二）渣油加氢处理

随着原油的重质化和劣质化，及硫、氮、金属等杂质含量在渣油中较为集中，渣油加氢处理主要脱除渣油中的硫、氮和金属杂质，以降低残炭值，脱除沥青质等，为下游重油催化裂化（RFCC）或焦化提供优质原料，也可以进行渣油加氢裂化生产轻质燃料油，既进行改质，又进行裂化。

渣油加氢主要有固定床、移动床、沸腾床及悬浮床等不同类型的反应器。

在渣油加氢过程中，发生的主要反应有加氢脱硫、脱氮、脱氧、脱金属等反应以及残炭前身物转化和加氢裂化反应。这些反应进行的程度和相对的比例不同，渣油的转化程度也不同。根据渣油加氢转化深度的差别，将其分为渣油加氢处理（RHT）和渣油加氢裂化（RHC)。渣油加氢处理工艺原理的流程如图 5-3 所示。

渣油加氢处理工艺流程

经过滤的原料在换热器内与由反应器来的热产物进行换热，然后与循环氢混合进入加热炉，加热到反应温度。由加热炉出来的原料进入串联的反应器。反应器内装有固定床催化剂。大多数情况是采用液流下行式通过催化剂床层。催化剂床层可以是一个或数个，床层间设有分配器，通过这些分配器将部分循环氢或液态原料送入床层，以降低因放热反应而引起的温升。控制冷却剂流量，使各床层催化剂在等温下运转。催化剂床层的数目取决于产生的热量、反应速率和温升限制。影响渣油加氢装置开工周期的因素主要是反应系统压力降和催化剂活性。

在串联反应器中可根据需要装入不同类型的催化剂，如脱金属催化剂、脱氮催化剂和裂化催化剂，以实现不同的加氢目的。

渣油加氢处理工艺流程与一般馏分油的加氢处理流程有以下几点不同。

① 原料油首先经过微孔过滤器，以除去夹带的固体微粒，防止反应器床层压力降过大。

② 加氢生成油经过热高压分离器与冷高压分离器，以提高气液分离效果，防止重油带出。

③ 由于一般渣油含硫量较高，故循环氢需要脱除 H_2S，以防止或减轻高压反应系统腐蚀。

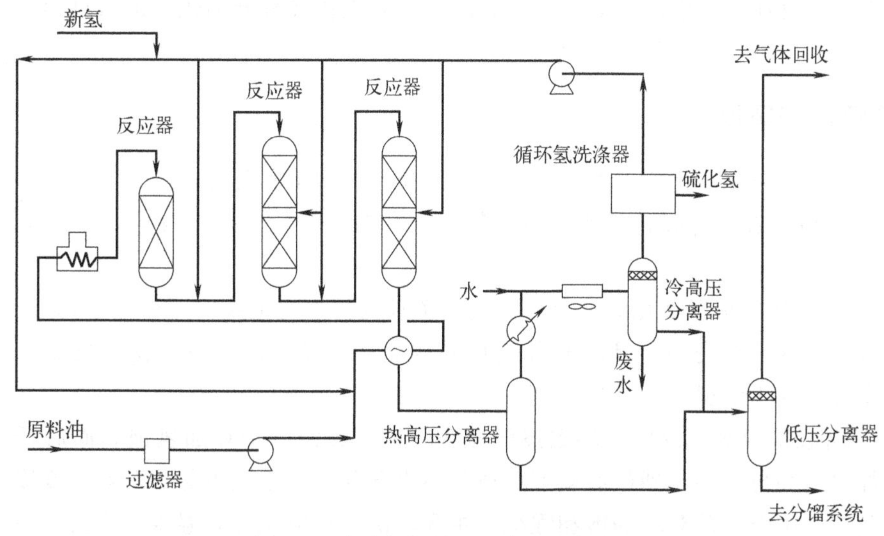

图 5-3　渣油加氢处理工艺原理的流程

单元二　加氢裂化

加氢裂化的目的在于将大分子裂化为小分子以提高轻质油的收率，同时还除去一些杂质。其特点是轻质油收率高、产品饱和度高、杂质含量少。

一、加氢裂化的化学反应

烃类加氢反应主要涉及两类反应：

① 有氢气直接参与的化学反应，如加氢裂化和不饱和键的加氢饱和反应。

② 在临氢条件下的化学反应，如异构化反应。此过程虽然有氢气存在，但过程不消耗氢气。

（一）烷烃加氢反应

烷烃在加氢条件下进行的反应主要有加氢裂化和异构化反应。

(1) 加氢裂化反应　包括 C—C 键的断裂反应和生成的不饱和分子碎片的加氢饱和反应。

$$R—R'+H_2 \longrightarrow RH+R'H$$

(2) 异构化反应　则包括原料中烷烃分子的异构化和加氢裂化反应生成的烷烃的异构化反应。

$$n\text{-}C_nH_{2n+2} \longrightarrow i\text{-}C_nH_{2n+2}$$

加氢和异构化属于两类不同的反应，需要两种不同的催化剂活性中心加速各自反应的进行，即要求催化剂具备双活性，并且两种活性要有效地配合。

烷烃在催化加氢条件下进行的反应遵循碳正离子反应机理，生成的碳正离子在 β 位上发生断键，因此，气体产品中富含 C_3 和 C_4。由于既有裂化又有异构化，加氢过程可起到降凝作用。

（二）环烷烃加氢反应

环烷烃在加氢裂化催化剂上的反应主要有脱烷基、异构和开环反应。

① 单环环烷烃在加氢裂化过程中发生异构化、断环、脱烷基链反应，以及不明显的脱氢反应。

② 双环环烷烃在加氢裂化时，首先发生一个环的异构化生成五元环衍生物，而后断环，双环是依次开环的，首先一个环断开并进行异构化，生成环戊烷衍生物，当反应继续进行时，第二个环也发生断裂。

③ 多元环在加氢裂化反应中环数逐渐减少，即首先第一个环加氢饱和而后开环，然后第二个环加氢饱和再开环，到最后剩下单环就不再开环。至于是否保留双环，则取决于裂解深度。裂化产物中单环及双环的饱和程度，主要取决于反应压力和温度，压力越高、温度越低，则双环芳烃越少，苯环也大部分加氢饱和了。

反应如下：

$CH_3CH_2CH_2CH_2CH_2CH_3$ ↑ H_2（环己烷开环）

环己烷 → 甲基环戊烷（$-CH_3$） $+H_2$ → $CH_3CH_2CH_2CH_2CH_2CH_3$

→ $CH_3CH_2-CH(CH_3)-CH_2CH_3$

→ $CH_3-CH(CH_3)-CH_2-CH_2CH_3$

环己烷 ↓ 苯 $+3H_2$

十氢萘 → 甲基（CH_3）八氢茚 → 丁基环己烷（$-C_4H_9$） → 甲基（CH_3）丁基环戊烷（$-C_4H_9$） → $i\text{-}C_{10}H_{12}$

环烷烃异构化反应包括环的异构化和侧链烷基异构化。环烷烃加氢反应产物中的异构烷烃与正构烷烃之比和五元环烷烃与六元环烷烃之比都比较大。

（三）芳香烃加氢反应

苯在加氢条件下反应首先生成六元环烷，然后发生与前述相同的反应。

苯 $+3H_2$ → 环己烷 → 甲基环戊烷（$-CH_3$） $+H_2$ → $CH_3CH_2CH_2CH_2CH_2CH_3$

→ $CH_3CH_2-CH(CH_3)-CH_2CH_3$

→ $CH_3-CH(CH_3)-CH_2-CH_2CH_3$

烷基苯加氢裂化反应主要有脱烷基、烷基转移、异构化、环化等反应，使产品具有多样性；$C_1 \sim C_4$ 的侧链烷基苯的加氢裂化，主要以脱烷基反应为主，异构和烷基转移为辅，分别生成苯、侧链异构程度不同的烷基苯、二烷基苯。烷基苯侧链的裂化既可以是脱烷基生成苯和烷烃，也可以是侧链中的C—C键断裂生成烷烃和较小的烷基苯。对正烷基苯，后者比前者容易发生。对脱烷基反应，则 α-C 上的支链越多，越容易进行。以正丁苯为例，脱烷基速率有以下顺序：

叔丁苯＞仲丁苯＞异丁苯＞正丁苯

短烷基侧链比较稳定，甲基、乙基难以从苯环上脱除，C_4 或 C_4 以上侧链从环上脱除很快。对于侧链较长的烷基苯，除脱烷基、断侧链等反应外，还可能发生侧链环化反应生成双环化合物。苯环上烷基侧链的存在会使芳烃加氢变得困难，烷基侧链的数目对加氢的影响比侧链长度的影响大。

对于芳烃的加氢饱和及裂化反应，无论是降低产品的芳烃含量（生产清洁燃料），还是降低催化裂化和加氢裂化原料的生焦量，都有重要意义。在加氢裂化条件下，多环芳烃的反应非常复杂，它只有在芳香环加氢饱和反应之后才能开环，并进一步发生随后的裂化反应。稠环芳烃每个环的加氢和脱氢都处于平衡状态，其加氢过程是逐环进行的，并且加氢难度逐环增加。

（四）烯烃加氢反应

烯烃在加氢条件下主要发生加氢饱和及异构化反应。烯烃饱和是将烯烃通过加氢转化为相应的烷烃。烯烃异构化包括双键位置的变动和烯烃链的空间形态发生变动。这两类反应都有利于提高产品的质量。其反应描述如下：

$$R—CH=CH_2+H_2 \longrightarrow R—CH_2—CH_3$$

$$R—CH=CH—CH=CH_2+2H_2 \longrightarrow R—CH_2—CH_2—CH_2—CH_3$$

$$n\text{-}C_2H_{2n} \longrightarrow i\text{-}C_2H_{2n}$$

$$i\text{-}C_nH_{2n}+H_2 \longrightarrow i\text{-}C_nH_{2n+2}$$

焦化汽油、焦化柴油和催化裂化柴油在加氢精制的操作条件下，其中的烯烃加氢反应是完全的。因此，在油品加氢精制过程中，烯烃加氢反应不是关键的反应。

烯烃加氢饱和反应是放热效应，且热效应较大。因此对不饱和烃含量高的油品进行加氢时，要注意控制反应温度，避免反应床层超温。

二、加氢裂化催化剂

加氢裂化催化剂属于双功能催化剂，即催化剂由具有加（脱）氢功能的金属组分和具有裂化功能的酸性载体两部分组成。

在加氢裂化催化剂中，加氢组分的作用：使原料油中的芳烃，尤其是多环芳烃，加氢饱和；使烯烃，主要是反应生成的烯烃，迅速加氢饱和，防止不饱和烃分子吸附在催化剂表面上，生成焦状缩合物而降低催化活性。因此，加氢裂化催化剂可以维持长期运转，不像催化裂化催化剂那样需要经常烧焦再生。

1. 加氢裂化催化剂的种类

工业上使用的加氢裂化催化剂按化学组成，大体可分为以下三种。

① 以无定形硅酸铝为载体，以非贵金属镍、钨、钼（Ni、W、Mo）为加氢活性组分的催化剂。

② 以硅酸铝为载体，以贵金属铂、钯（Pt、Pd）为加氢活性组分的催化剂。常用的金

属组分按其加氢活性强弱次序为：

Pt、Pd＞Ni-W＞Ni-Mo＞Co-Mo＞Co-W

③ 以沸石和硅酸铝为载体，以镍、钨、钼、钴或钯为加氢活性组分的催化剂。以沸石为载体的加氢裂化催化剂是一种新型催化剂，主要特点是沸石具有较多的酸性中心。铂和钯虽然活性高，但对硫杂质的敏感性强，只在两段加氢裂化过程中使用。

2. 加氢裂化催化剂的使用要求

加氢裂化催化剂的使用要求有四项指标，分别是活性、选择性、稳定性和机械强度。

（1）活性　催化剂活性系指促进化学反应进行的能力，通常用在一定条件下原料达到的转化率来表示。提高催化剂的活性，在维持一定转化率的前提下，可缓和加氢裂化的操作条件。

随着使用时间的延长，催化剂活性会有所降低，一般用提高温度的办法来维持一定的转化率。因此，也可用初期的反应温度来表示催化剂的活性。

（2）选择性　加氢裂化催化剂的选择性可用目的产品产率和非目的产品产率之比来表示。提高选择性，可获得更多的目的产品。

（3）稳定性　催化剂的稳定性是表示运转周期和使用期限的一种标志，通常以在规定时间内维持催化剂活性和选择性所必须升高的反应温度表示。

（4）机械强度　催化剂必须具有一定的强度，以避免在装卸和使用过程中粉碎，引起管线堵塞、床层压降增大而造成事故。

3. 加氢裂化催化剂的预硫化与再生

（1）预硫化　加氢催化剂的钨、钼、镍、钴等金属组分，使用前都以氧化物形态存在，但加氢催化剂的金属活性组分只有呈硫化物形态时才具有较高的活性，因此加氢裂化催化剂在使用之前必须进行预硫化。所谓预硫化，就是在含硫化氢的氢气流中使金属氧化物转化为硫化物。

（2）失活　加氢催化剂在使用过程中由于结焦和中毒，催化剂的活性及选择性会下降，不能达到预期的加氢目的，必须停工再生或更换新催化剂。

（3）再生　加氢裂化反应过程中，催化剂活性总是随着反应时间的增长而逐渐衰退，催化剂表面被积炭覆盖是降活的主要原因。为了恢复催化剂活性，一般用烧焦的方法进行催化剂再生。

三、加氢裂化工艺

加氢裂化工艺，根据反应压力的高低可分为高压加氢裂化和中压加氢裂化。根据原料、目的产品及操作方式的不同，可分为一段加氢裂化和两段加氢裂化。按反应器中催化剂所处的状态不同，可分为固定床、沸腾床和悬浮床等几种形式。

（一）固定床一段加氢裂化工艺

一段加氢裂化流程又称为单段加氢裂化流程，只有一个反应器，原料油加氢精制和加氢裂化在同一反应器内进行，反应器上部为精制段，下部为裂化段，所用催化剂具有较好的异构裂化、中间馏分油选择性和一定抗氮能力。这种流程用于由粗汽油生产液化气、由减压蜡油或脱沥青油生产喷气燃料和柴油。

单段加氢裂化可按三种方案操作：原料一次通过、尾油部分循环和尾油全部循环。

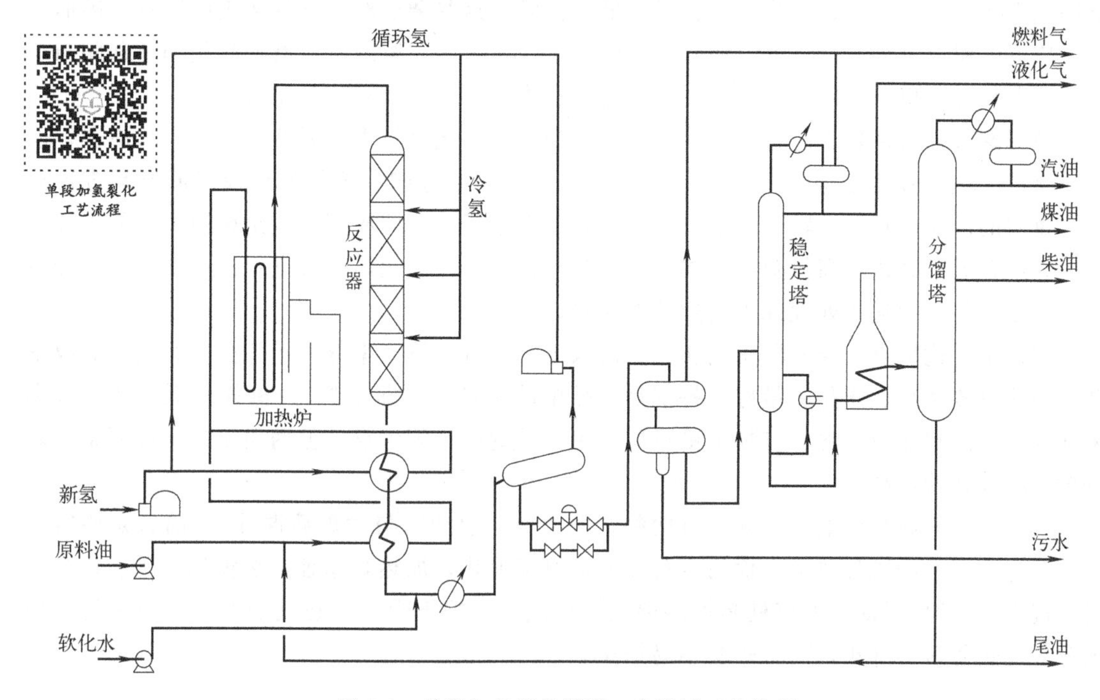

图 5-4　单段加氢裂化原料一次通过工艺流程

单段加氢裂化原料一次通过工艺流程如图 5-4 所示。原料油用泵升压至 16.0MPa 后与新氢及循环氢混合，再与 420℃左右的加氢生成油换热至 321～360℃，进入加热炉，反应器进料温度为 370～450℃，原料在 380～440℃、空速为 $1.0h^{-1}$、氢油体积比约 2500 的条件下进行反应。为了控制反应温度，向反应器分层注入冷氢。反应产物经与原料换热后温度降到 200℃，再经冷却，温度降至 30～40℃之后进入高压分离器。反应产物进入空冷器之前需注入软化水以溶解其中的 NH_3、H_2S 等，以防水合物析出而堵塞管道。自高压分离器顶部分出循环氢，经循环氢压缩机升压后，返回反应系统循环使用。自高压分离器底部分出的生成油，经减压系统减压至 0.5MPa，进入低压分离器，在此将水脱出，并释放出部分溶解气体，作为富气送出装置作燃料气使用。生成油经加热送至稳定塔，在 1.0～1.2MPa 下分出液化气，塔底液体经加热炉加热至 320℃后送入分馏塔，分馏得轻汽油、喷气燃料（煤油）、低凝柴油和尾油（塔底油），尾油可一部分或全部作为循环油与原料混合再去反应系统。

（二）固定床两段加氢裂化工艺

固定床两段加氢裂化工艺流程如图 5-5 所示。该流程设置两个反应器，第一反应器为加氢处理反应器，第二反应器为加氢裂化反应器。

新鲜进料及循环氢分别与第一反应器出口的生成油换热，加热炉加热，混合后进入第一反应器，在此进行加氢处理反应。第一反应器出料经过换热及冷却后进入分离器，分离器下部的物流与第二反应器流出物分离器的底部物流混合，一起进入共用的分馏系统，分别将酸性气以及液化石油气、石脑油、喷气燃料等产品进行分离后送出装置，由分馏塔底导出的尾油再与循环氢混合加热后进入第二反应器。此时进入第二反应器物流中的 H_2S 及 HN_3，均已脱除干净，油中的硫、氮化合物含量很低，消除了这些杂质对裂化催化剂的影响，因而第二反应器的温度可大幅度降低。此外，在两段工艺流程中，第二反应器的氢气循环回路与第一反应器相互分离，可以保证第二反应器循环氢中的 H_2S 及 HN_3 含量较少。

(1) 两段加氢裂化工艺特点　在两段加氢裂化的工艺流程中设置两个（组）反应器，但在单个或一组反应器之间，反应产物要经过气-液分离或分馏装置将气体及轻质产品进行分离，重质的反应产物和未转化反应物再进入第二个或第二组反应器，这是两段过程的重要特征。它适合处理高硫、高氮减压蜡油，催化裂化循环油，焦化蜡油或这些油的混合油，即适合处理单段加氢裂化难处理或不能处理的原料。

(2) 工艺优缺点　与一段工艺相比，两段工艺具有气体产率低、干气少、目的产品收率高、液体总收率高、产品质量好（特别是产品中的芳烃含量非常低）、氢耗较低、产品方案灵活性大、原料适应性强、可加工更重质和更劣质的原料等优点。但两段工艺流程复杂，装置投资和操作费用高。

(3) 氢气与原料油混合方式　有两种，即“炉前混油”与“炉后混油”。前者是原料油与氢气混合后一同进加热炉；而后者是原料油只经换热，加热炉单独加热氢气，随后再与原料油混合。“炉后混油”的好处是加热炉只加热氢气，炉管中不存在气液两相，流体易于均匀分配，炉管压力降小，而且炉管不易结焦。

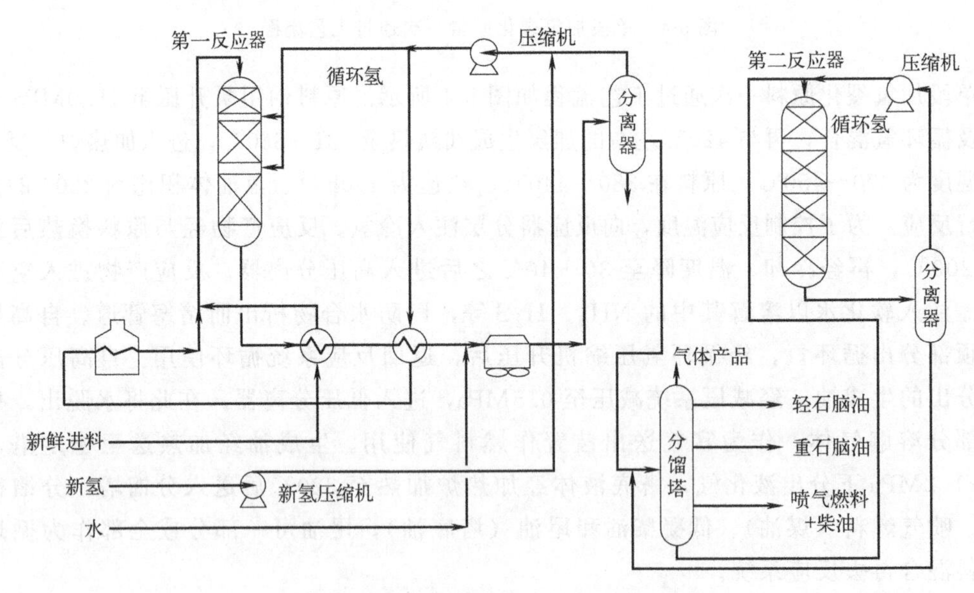

图 5-5　固定床两段加氢裂化工艺简化流程

(三) 固定床串联加氢裂化工艺

串联流程是两段流程的发展，其主要特点在于：使用了抗硫化氢、抗氨的催化剂，因而取消了两段流程中的汽提塔（即脱氨塔），使加氢精制和加氢裂化两个反应器直接串联起来，省掉了一整套换热、加热、加压、冷却、减压和分离设备。其工艺流程如图 5-6 所示。

（四）沸腾床加氢裂化工艺

沸腾床（又称膨胀床）工艺是借助于流体流速，带动具有一定颗粒度的催化剂运动，形成气、液、固三相床层，从而使氢气、原料油和催化剂充分接触而完成加氢反应过程。控制流体流速，维持催化剂床层膨胀到一定高度，即形成明显的床层界面，液体与催化剂呈返混状态。反应产物与气体从反应器顶部排出。运转期间定期从顶部补充催化剂，下部定期排出部分催化剂，以维持较好的活性。

沸腾床工艺可以处理金属含量和残炭值较高的原料（如减压渣油），并可使重油深度转化，但反应温度较高，一般在400～450℃范围内。由于反应器中液体处于返混状态，因而有利于控制温度均衡平稳。

沸腾床加氢裂化，工艺比较复杂，国内尚未工业化。图5-7是沸腾床渣油加氢裂化流程示意图。

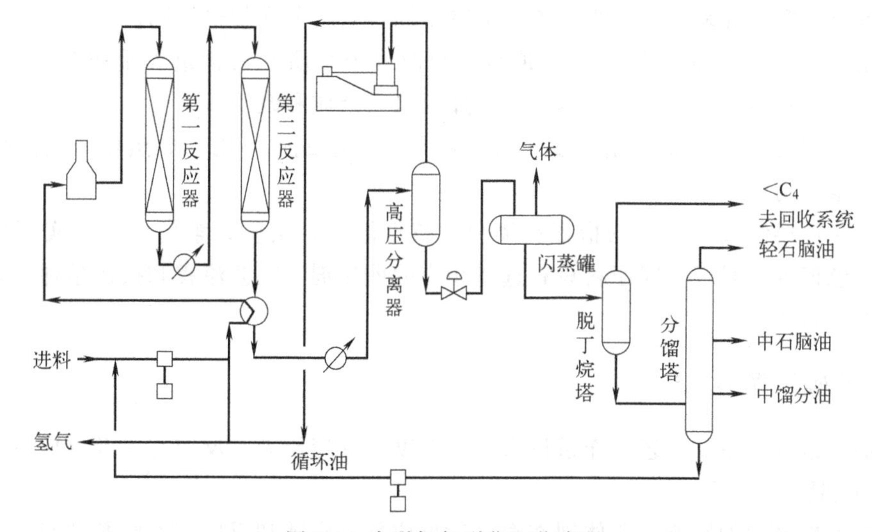

图5-6　串联加氢裂化工艺流程

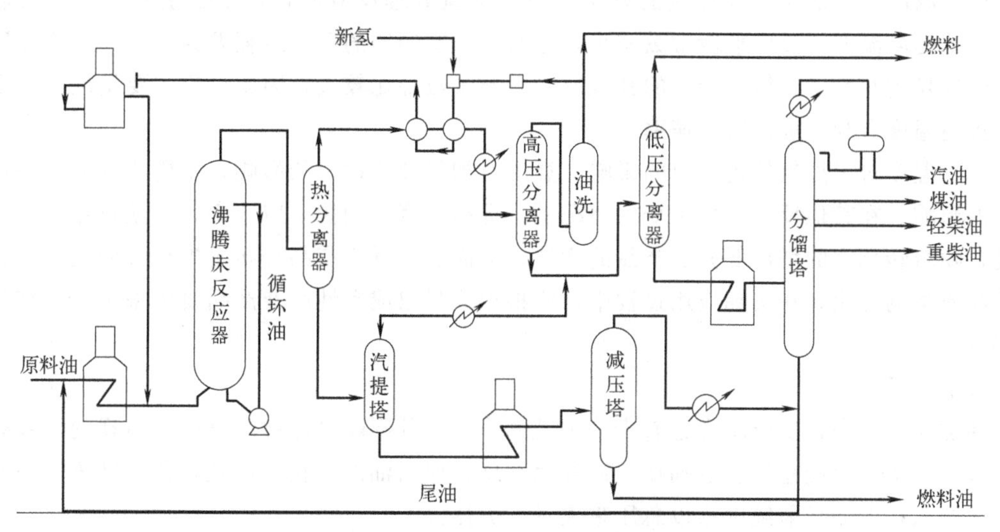

图5-7　沸腾床渣油加氢裂化流程

单元三 催化加氢工艺操作与控制

影响催化加氢过程的因素主要有原料的组成和性质、催化剂的性能、工艺操作条件及设备结构等。

一、主要影响因素

（一）原料的组成和性质

原料的组成和性质决定要除去杂质组分和改质组分的含量及结构。原油来源不同，其组分含量有差异。馏分油来源、切割位置和范围不同，其组分含量也不同。

① 原油越重、馏分油切割终馏点越高，则馏分中杂质元素含量和重质芳烃含量越高，且其构成的化合物结构也越复杂，越不容易加氢除去杂质和改质。

② 对于二次加工馏分油，由于加工方法不同，其组成也不同，如焦化柴油的烯烃含量较催化裂化柴油高。

评价加氢原料组成和性质的指标有馏分、特性因数、杂质元素的含量、实际胶质、溴值、酸度、色值等。对于不同原料只有选择相应的催化剂、工艺流程和操作条件等，才能达到预期的加氢目的。

（二）工艺操作条件

影响加氢过程的主要工艺操作条件有反应温度、反应压力、反应空速及反应氢油比。

1. 反应温度

温度对反应过程的影响主要体现在温度对反应平衡常数和反应速率常数的影响。

（1）温度对于加氢处理反应的影响　对于加氢处理反应而言，由于主要反应为放热反应，因此提高温度，反应平衡常数减小，这对受平衡制约的反应过程尤为不利，如脱氮反应和芳烃加氢饱和反应。加氢处理的其他反应平衡常数都比较大，因此反应主要受反应速率制约，提高温度有利于加快反应速率。

（2）温度对于加氢裂化反应的影响　温度对加氢裂化过程的影响，主要体现为对裂化转化率的影响。在其他反应参数不变的情况下，提高温度可加快反应速率，也就意味着转化率提高，随着转化率的增加低分子产品的增加，从而引起反应产品分布发生很大变化，这也导致产品质量的变化。在实际应用过程中，应根据原料组成和性质及产品要求来选择适宜的反应温度。

2. 反应压力

在加氢过程中，反应压力起着十分关键的作用，其影响是通过氢分压来体现的。系统中的氢分压取决于反应总压、氢油比、循环氢纯度、原料油的汽化率以及转化深度等。一般都以反应器入口的循环氢纯度乘以总压来表示氢分压。

① 随着氢分压的提高，脱硫率、脱氮率、芳烃加氢饱和转化率也随之增加。

② 反应氢分压是影响产品质量的重要参数，特别是产品中的芳烃含量与反应氢分压有很大的关系。

③ 反应氢分压对催化剂失活速度也有很大影响，过低的压力将导致催化剂快速失活而不能长期运转。

④ 提高氢分压有利于加氢过程的进行，加快反应速率。但压力提高增加了装置的设备投资费用和运行费用，同时也提高了对催化剂机械强度的要求。目前，工业上装置的操作压力一般在 7.0～20.0MPa。

3. 反应空速

空速是指单位时间内通过单位催化剂的原料油的量，有两种表达形式，一种为体积空速（LHSV），另一种为质量空速（MHSV）。工业上多用体积空速。

① 空速是控制加氢过程的一个重要参数，也是一个重要的技术经济指标。因为空速的大小决定了工业装置反应器的体积，还决定了催化剂用量。

② 空速与反应温度在一定范围内互补。空速受反应速率的影响。柴油加氢脱硫、脱氮、脱芳工艺采用较低空速。重油加氢处理，为提高反应温度采用高压、低空速操作。

③ 空速的大小反映了反应器的处理能力和反应时间。空速越大，装置的处理能力越大，但原料与催化剂的接触时间则越短，相应的反应时间也就越短。因此，空速的大小最终影响原料的转化率和反应的深度。

一般重整原料预加氢的空速为 2.0～10.0h^{-1}，煤油馏分加氢的空速为 2.0～4.0h^{-1}，柴油馏分加氢精制的空速为 1.2～3.0h^{-1}，蜡油馏分加氢处理的空速为 0.5～1.5h^{-1}，蜡油加氢裂化的空速为 0.4～1.0h^{-1}，渣油加氢的空速为 0.1～0.4h^{-1}。

4. 反应氢油比

氢油比是单位时间内进入反应器的氢气流量与原料油量的比值，工业装置上通用的是体积氢油比，它是以每小时单位体积的进料所需要通过的循环氢气的标准体积量表示的。

① 氢油比变化的实质是影响反应过程的氢分压。

② 增加氢油比，有利于加氢反应的进行和提高催化剂的寿命，但过高的氢油比将增加装置的操作费用及设备投资。

二、主要操作参数的控制与调节

1. 加氢反应器入口温度调节

反应炉出口温度：反应温度通过反应炉出口温控串级燃料气流控来控制。燃料气流控阀开大，反应器入口温度上升；反之，反应器入口温度下降。

燃料气压力：燃料气压力增大，燃料气流量增加，加热炉出口温度上升，反应器入口温度上升；反之，反应温度下降。控制燃料气压力，保持反应器入口温度平稳。

反应进料量：反应进料量增加，反应炉出口温度下降，反应器温度下降；反之，反应温度升高。控制反应进料量平稳，保持反应温度平稳。

进料温度控制阀的开度（热高分）：进料温度控制阀的开度减小，反应器入口温度上升；反之，反应器温度下降。在保证热高分入口温度的前提下，尽量关控制阀。

2. 反应器床层温度调节

反应入口温度：加氢反应器入口温度。

循环氢流量：循环机转速增大，循环氢量增大，床层温度降低；防喘振阀关小，混合氢流量增大，床层温度降低。反之升高。

冷氢注入量：冷氢温控阀开大，冷氢流量增大，床层温度降低；反之升高。

反应进料量：反应进料量增加，床层温度下降；反之，床层温度升高。

焦化汽油和焦化柴油量：在总反应进料量不变的情况下，焦化汽油和焦化柴油量增大，床层温度上升；反之，床层温度下降。控制焦化汽油和焦化柴油的进料配比，保持反应温度平稳。

循环氢纯度：增大废氢排放量，关小循环氢脱硫塔跨线控制阀，循环氢纯度提高，床层反应温度上升；反之，反应温度下降。

催化剂活性：催化剂活性高，床层反应温度高；反之，床层反应温度低。

3. 反应进料流量的操作调节

泵出口流控阀开度：反应进料流量由流控阀控制，泵出口流控阀开大，进料流量增大；反之降低。

混氢流量：反应压力不变，混氢量增大，进料流量减小。

反应系统压力：反应系统压力升高，进料流量降低；反之升高。

4. 反应器床层压降调节

反应进料量：进料量稳定在工艺允许的波动范围内。

原料油组分：原料油中焦化柴油和焦化汽油组分增加，床层压降上升；反之降低。

混合氢流量：混合氢流量增大，床层压降上升；反之降低。

反应压力波动：反应压力波动越大，床层压降上升越快。

读一读　劣质柴油深度加氢处理技术

劣质柴油深度加氢处理技术（RICH）是由石油化工科学研究院研究开发的，目的在于提高柴油的十六烷值，大幅度降低柴油产品中硫和氮的含量，同时使柴油密度相应地降低。该工艺与传统的加氢精制具有相同的工艺流程，但不同的是该工艺使用一种既有加氢精制功能又有开环裂化功能的新型催化剂，使稠环芳烃开环但不使链断开，提高异构化性能，满足高十六烷值柴油组分的特性。该技术能够增加所生产柴油中的十六烷值，并且可以产生芳烃含量较高的石脑油化工产品。此外，该技术改造难度比较低，对于现有的大部分化工企业都可以很好地实现。

自测习题

一、选择题

1. 加氢裂化气体产品中大部分是（　　）。

A. 甲烷　　B. 丙烯　　C. 氮气　　D. 乙烯

2. 加氢裂化过程中主要影响产品分布和质量的工艺条件是（　　）。

A. 温度　　B. 空速　　C. 压力　　D. 氢油比

3. 加氢处理非烃类主要反应是（　　）。

A. 加氢脱硫　　B. 缩合反应　　C. 加氢饱和　　D. 异构化

4. 加氢裂化反应过程中反应压力的影响是通过（　　）实现的。

A. 空速　　B. 产品　　C. 氢油比　　D. 氢分压

5. 不属于加氢处理的工艺是（　　）。

A. 汽油馏分加氢　　B. 柴油馏分加氢　　C. 渣油馏分加氢　　D. 一段加氢裂化

6. 反应空速越大表示（　　）。

A. 反应时间越长　　B. 反应时间越短　　C. 压力越大　　D. 压力越小

7. 不属于加氢裂化工艺目的的是（　　）。

A. 柴油　　B. 脱硫　　C. 高品质汽油　　D. 喷气燃料

8. 原料中非烃类在加氢裂化过程中产生的气体是（　　）。

A. 甲烷　　B. 硫化氢　　C. 氮气　　D. 乙烯

9. 加氢裂化过程中与转化率呈线性关系的工艺条件是（　　）。

A. 温度　　B. 空速　　C. 压力　　D. 氢油比

10. 加氢裂化反应器设置一个催化剂床层时反应器温升等于（　　）。

A. 催化剂床层总温升　　B. 反应器入口温度

C. 催化剂床层最高温度　　D. 反应器出口温度

二、填空题

1. 加氢处理反应包括________、________、________、________和________。

2. 渣油加氢主要反应有________、________、________、________。

3. 催化加氢是在________存在下对石油馏分进行催化加工过程的统称。催化加氢技术包括________和________两类。

4. 加氢精制的目的在于脱除油品中的________、________、________杂原子及金属杂质，同时还使________、________、芳烃和稠环芳烃选择加氢饱和，从而改善油品的使用性能。

5. 加氢精制催化剂是由________、________、________组成的。

三、判断题

1. 加氢裂化催化剂是一种具有酸性中心和加氢脱氢中心的双功能催化剂。（　　）

2. 加氢裂化产品中异构物特别多，是由加氢裂化反应机理决定的。（　　）

3. 加氢裂化反应综合起来是吸热反应。（　　）

4. 加氢裂化反应主要有裂化、加氢、异构化、加氢分解和叠合等反应。（　　）

5. 加氢裂化反应主要是脱去化合物中 S、N、O 的反应。（　　）

6. 加氢裂化催化剂的再生是烧去催化剂表面上的焦炭。（　　）

7. 加氢裂化催化剂再生后还要再进行硫化。（　　）

8. 两段加氢裂化工艺对原料油的适应性没有一段加氢裂化工艺强。（　　）

9. 反应压力高有利于裂化反应和异构化反应。（　　）

10. 反应温度高不利于提高转化率。（　　）

四、简答题

1. 简述加氢裂化产品特点。

2. 加氢裂化催化剂为什么要预硫化?原料油中含适量的硫会污染催化剂吗?

3. 加氢裂化工艺流程中高压分离器与低压分离器分别起什么作用?

4. 采用两段加氢裂化有什么特点与优点?

5. 简述加氢裂化一段、两段、串联流程的优缺点。

模块六 催化重整

知识目标

掌握催化重整工艺原理、重整装置的加工过程。
掌握芳烃抽提、芳烃精馏工艺原理、工艺流程及设备。

技能目标

能够分析连续重整装置重要操作参数的影响因素。
能对催化剂失活原因进行分析，并在生产中进行控制。

素质目标

具有求知意识、独立思考的科学态度。
树立生产技术岗位管理、成本核算、产品营销等职业意识。

单元一　催化重整工艺原理

一、催化重整在石油加工中的地位

以 $C_5 \sim C_{11}$ 石脑油馏分为原料，在一定温度、压力、氢油比和催化剂的作用下，烃类分子结构发生重新排列（如脱氢、环化、异构化、裂化等）使石脑油转变成富含芳烃的重整生成油，并副产氢气的过程，称为催化重整。催化重整是一个以汽油馏分（主要是直馏汽油）为原料生产高辛烷值汽油及轻芳烃（苯、甲苯、二甲苯，简称 BTX）的重要石油加工过程，同时也生产相当数量的副产氢气。

催化重整、催化裂化、催化加氢三大工艺已成为炼油工业的三大支柱，在现代炼油厂中占有重要地位。一般催化重整装置加工能力约占原油一次加工能力的 10%～20%（质量分数）。目前我国的车用汽油中，重整油的比例非常低，而车用汽油的产品升级非常需要催化重整油，因此，我国的催化重整具有非常大的发展潜力。

重整技术发展趋势：

① 向重整反应热力学有利的方向发展：反应压力降低；反应苛刻度升高（反应温度升高、空速降低）。

② 满足社会及企业的实际要求：氢油比降低；操作周期延长。同时，需要解决的问题也很明显，即具有低积炭速率、高水热稳定性和再生性能的重整催化剂；安全可靠的催化剂再生技术。

催化重整过程可生产高辛烷值汽油，也可生产芳烃。生产目的不同，装置构成也不同。

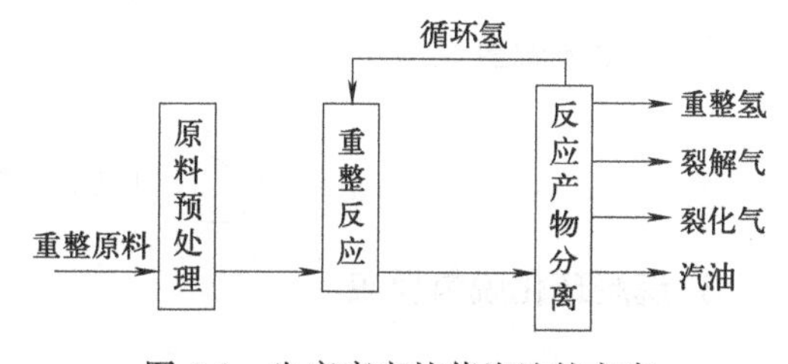

图 6-1　生产高辛烷值汽油的方案

(1) 生产高辛烷值汽油的方案　以生产高辛烷值汽油为目的的重整过程主要由原料预处理、重整反应和反应产物分离三部分构成，如图 6-1 所示。

(2) 生产芳烃的方案　以生产芳烃为目的的重整过程主要由原料预处理、重整反应、芳烃抽提和芳烃精馏四部分构成，如图 6-2 所示。

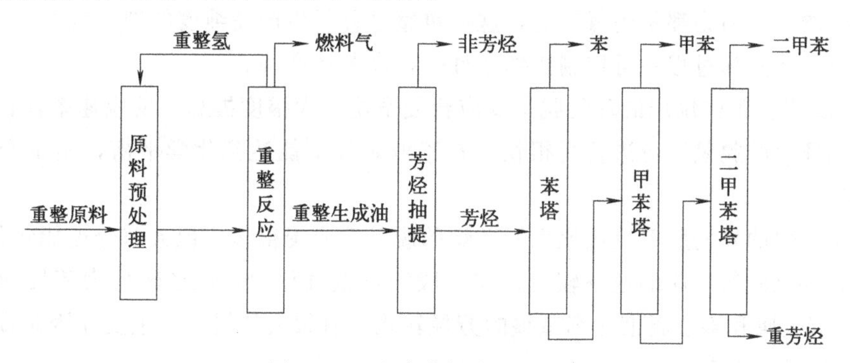

图 6-2　以生产芳烃为目的方案

二、催化重整化学反应

固定床催化重整反应原理

生产高辛烷值汽油或芳烃的催化重整过程发生芳构化、异构化、裂化和生焦等复杂的平行-顺序反应，主要分为两类。一类是理想反应，如芳构化、异构化等制取芳烃，提高汽油辛烷值和生成高纯度氢的反应；另一类是不利反应，如加氢裂化、加氢脱烷基、缩合生焦等反应。

（一）芳构化反应

生成芳烃的反应都可以叫做芳构化反应。在重整条件下芳构化反应主要包括以下几方面。

1. 六元环脱氢反应

$$\rightleftharpoons \quad +3H_2$$

$$-CH_3 \rightleftharpoons -CH_3 \quad +3H_2$$

$$\begin{matrix}-CH_3\\-CH_3\end{matrix} \rightleftharpoons \begin{matrix}-CH_3\\-CH_3\end{matrix} \quad +3H_2$$

2. 五元环脱氢反应

$$-C_2H_5 \rightleftharpoons -CH_3 \quad +3H_2$$

3. 烷烃环化脱氢反应

$$C_7H_{16} \rightleftharpoons -CH_3 \quad +4H_2$$

芳构化反应的特点有：

① 强吸热，其中相同碳原子数烷烃环化脱氢吸热量最大，五元环烷烃异构脱氢吸热量最小。在生产过程中必须不断地补充反应过程中所需的热量。

② 体积增大，因为都是脱氢反应，这样重整过程可生产高纯度的副产氢气。

③ 可逆，在实际过程中可控制操作条件，提高芳烃产率。

芳构化反应、正构烷烃的环化脱氢反应会使辛烷值大幅度提高，反应速率存在差异：

① 六元环烷的脱氢反应进行得很快，在工业条件下能达到化学平衡，是生产芳烃的最重要的反应。

② 五元环烷的异构脱氢反应比六元环烷的脱氢反应慢很多，但大部分也能转化为芳烃。

③ 烷烃环化脱氢反应的速率较慢，在一般铂重整过程中，烷烃转化为芳烃的转化率很小。铂铼等双金属和多金属催化剂重整的芳烃转化率有很大的提高，主要原因是提高了烷烃转化为芳烃的反应速率。

（二）异构化反应

$$n\text{-}C_7H_{16} \rightleftharpoons i\text{-}C_7H_{16}$$

在催化重整条件下，各种烃类都能发生异构化反应且是轻度的放热反应。异构化反应有利于五元环烷异构脱氢生成芳烃，提高芳烃产率。对于烷烃的异构化反应，虽然不能直接生成芳烃，但却能提高汽油的辛烷值，并且由于异构烷烃较正构烷烃容易进行脱氢环化反应，因此，异构化反应对生产汽油和芳烃都有重要意义。

（三）加氢裂化反应

$$n\text{-}C_7H_{16} + H_2 \xrightarrow{A} CH_3—CH_2—CH_3 + CH_3—\underset{}{\overset{\overset{CH_3}{|}}{C}H}—CH_3$$

加氢裂化反应主要是按碳正离子机理进行反应，因此产物中小于 C_3 的小分子很少，加氢裂化反应生成较小的分子和异构产物，有利于汽油辛烷值的提高，但由于同时也生成了小于 C_5 的小分子烃而使汽油的产率下降，因此加氢裂化反应要适当控制。

加氢裂化是中等强度的放热反应，可以认为是不可逆的。为提高反应速率，压力增大有利于加氢裂化反应。加氢裂化反应的反应速率较低，主要原因是在催化重整的最后一个反应器中进行。

（四）加氢脱烷基反应

$$C_6H_4(CH_3)_2 + H_2 \xrightleftharpoons{M} C_6H_5CH_3 + CH_4$$

$$C_6H_5CH_3 + H_2 \xrightleftharpoons{M} C_6H_6 + CH_4$$

其中，M、A 分别指催化重整反应中催化剂的金属和酸性功能。

加氢脱烷基反应和加氢裂化是裂化、加氢、异构化综合进行的反应，也是中等程度的放热反应。加氢脱烷基反应与加氢裂化反应一样要适当控制。

（五）缩合生焦反应

在重整条件下，烃类还可以发生叠合和缩合等分子增大的反应，最终缩合成焦炭，覆盖在催化剂表面，使其失活。因此，这类反应必须加以控制，工业上采用循环氢保护，一方面使容易缩合的烯烃饱和，另一方面抑制芳烃深度脱氢。

三、催化重整反应的影响因素分析

对于催化重整各类反应有以下特点：

① 六元环烷烃脱氢是催化重整过程最重要的反应，其平衡常数和反应速率最大。

② 烷烃脱氢环化的平衡常数虽然较大，平衡常数值越大，反应进行越彻底。但是其反应速率较小，因而其实际转化率较低。

③ 六元环烷烃脱氢以及烷烃脱氢环化都是强吸热反应，异构化反应是轻度的放热反应，加氢裂化则是中等放热反应，总之催化重整是强吸热反应。对吸热反应，应考虑向系统

供热。

反应平衡常数和反应速率都与某些反应条件有关，即可以改变反应条件，使反应过程达到最优化，最大限度地提高目的产物的收率。影响催化重整的主要操作因素包括温度、压力、空速和氢油比，表6-1总结出了各类反应的特点和各种因素的影响。

表6-1　催化重整中各类反应的特点和操作因素的影响

反应		六元环烷脱氢	五元环烷异构脱氢	烷烃环化脱氢	异构化	加氢裂化
反应特点	热效应	吸热	吸热	吸热	放热	放热
	反应热/(kJ/kg)	2000～2300	2000～2300	约2500	很小	约840
	反应速率	最快	很快	慢	快	慢
	控制因素	化学平衡	化学平衡或反应速率	反应速率	反应速率	反应速率
对产品产率的影响	芳烃	增加	增加	增加	影响不大	减少
	液体产品	稍减	稍减	稍减	影响不大	减少
	C_1～C_4气体	—	—	—	—	增加
	氢气	增加	增加	增加	无关	减少
对重整汽油性质的影响	辛烷值	增加	增加	增加	增加	增加
	密度	增加	增加	增加	稍增	减小
	蒸气压	降低	降低	降低	稍增	增大
操作因素增大时对各类反应产生的影响	温度	促进	促进	促进	促进	促进
	压力	抑制	抑制	抑制	无关	促进
	空速	影响不大	影响不大	抑制	抑制	抑制
	氢油比	影响不大	影响不大	影响不大	无关	促进

单元二　催化重整催化剂

一、重整催化剂种类与组成

（一）重整催化剂种类

工业重整催化剂分为两大类：非贵金属催化剂和贵金属催化剂。

非贵金属催化剂如Cr_2O_3/Al_2O_3、MoO_3/Al_2O_3等，其主要活性组分多属于元素周期表中第ⅥB族金属元素的氧化物。这类催化剂的性能较贵金属催化剂的性能低得多，目前工业上已淘汰。

贵金属催化剂主要有Pt-Re/Al_2O_3、Pt-Sn/Al_2O_3、Pt-Ir/Al_2O_3等系列，其活性组分主要是元素周期表中第ⅧB族的金属元素，如铂、钯、铱、铑等。

（二）重整催化剂组成

催化重整催化剂属于负载型催化剂，即金属组分负载在用卤素改性的氧化铝上。其主要由如下三部分组成：活性组分、助催化剂、载体。

1. 活性组分

活性组分是催化剂的核心。重整催化剂应具备脱氢和裂化、异构化两种活性功能，即重整催化剂的双功能。由一些金属元素提供环烷烃脱氢生成芳烃、烷烃脱氢生成烯烃等脱氢反应功能，也称为金属功能，这类金属属于过渡金属。一般由卤素提供烯烃环化、五元环异构等异构化反应功能，也称为酸性功能。

（1）铂 活性组分中提供脱氢活性功能的物质，催化重整的主要金属组分是铂。工业用单铂催化剂中含铂0.3%～0.7%（质量分数），若含量太低，催化剂容易失活；若含量太高，会增加催化剂的成本，同时也不能显著改善其催化性能。由于铂的价格昂贵，工业上重整催化剂应尽量降低铂的含量。

（2）卤素 重整催化剂的脱氢-加氢和酸性功能必须很好地协调配合，才能达到较理想的效果。作为载体的氧化铝本身具有一些酸性，但其酸性太弱，不足以保证催化剂有足够的促进异构化等碳正离子反应的能力，自然也就限制了芳烃的产率。

为了提高催化重整催化剂的酸性，一般加入一定量电负性较强的氯、氟等卤素组分。目前用得较多的是氯，而且加入量必须适当。若加入量太多，酸性太强，会导致裂解活性太高，使液体收率降低；若加入量太少，酸性较弱，异构化能力较差，芳烃收率较小，辛烷值较低。一般卤素的加入量为催化剂的0.4%～1.2%（质量分数）。卤素提高重整催化剂的酸性，一般认为是由于诱导效应，增加了载体表面质子酸的活性。

2. 助催化剂

近年来重整催化剂的发展趋势主要是引进其他金属作为助催化剂。

（1）铂铼系列 与铂催化剂相比，铼的初活性没有很大改进，但活性、稳定性大大提高，且容炭能力增强。铼的主要作用是减少或防止金属组分“凝聚”，提高催化剂的容炭能力和稳定性，延长运转周期，特别适用于固定床反应器。工业用铂铼催化剂中铼与铂的含量比一般为1～2。较高的铼含量对提高催化剂的稳定性有利。

（2）铂铱系列 在铂催化剂中引入铱，可以大幅度提高催化剂的脱氢环化能力。铱是活性组分，它的环化能力强，其氢解能力也强，因此在铂铱催化剂中常常加入第三组分作为抑制剂，以改善其选择性和稳定性。

（3）铂锡系列 铂锡重整催化剂在高温低压下具有良好的选择性能和再生性能。锡比铼价格便宜，新鲜剂和再生剂不必预硫化，生产操作比较简便。虽然铂锡催化剂的稳定性不如铂铼催化剂好，但是其稳定性也足以满足连续重整工艺的要求。因此，近年来已广泛应用于连续重整装置。

3. 载体

载体也称担体，它并不是活性组分简单的支承物，在负载型催化剂中它具有如下功能：

① 载体的比表面积较大，可使活性组分很好地分散在其表面。

② 载体具有多孔性，适当的孔径分布有利于反应物扩散到内表面进行反应。

③ 载体一般为熔点较高的氧化物，当活性组分分散在其表面时，可提高催化剂的热稳定性，不容易发生熔结现象。

④ 可提高催化剂的机械强度，减少损耗。

⑤ 对于贵金属催化剂，可节约活性组分，降低催化剂的成本。

⑥ 由于载体与活性组分的相互作用，有时还可以改善催化剂的活性、稳定性和选择性。

工业上常用的载体一般为氧化铝、二氧化硅、分子筛、活性炭等，对于重整催化剂，一般用氧化铝作载体。它又分为η-Al_2O_3和γ-Al_2O_3两种形式。目前多使用γ-Al_2O_3，其主要作用是支承（担载）活性组分，并且与氯共同承担酸性功能。

二、重整催化剂的使用性能

由于半再生式催化重整和连续再生式催化重整的操作方式不同，对催化剂的要求也有所不同。

① 半再生催化剂要求催化剂有更好的稳定性、更低的积炭速率。

② 连续重整催化剂是在系统内连续再生，要求催化剂有良好的低压反应性能、抗积炭性能和再生性能、金属抗烧结性能和金属再分散性能、适当的堆积密度和良好的力学性能、高抗磨强度、高的水热稳定性和氯保持能力以保证催化剂寿命。

重整催化剂的使用性能与催化剂的化学组成和物理性质、原料组成、操作方法及操作条件有关，因此重整催化剂在使用过程中存在性能的差异。主要指标有活性、选择性、稳定性、再生性能、机械强度和寿命等。

1. 活性

催化剂的活性评价方法一般因生产目的不同而异。以生产芳烃为目的时，可在一定的反应条件下考察芳烃转化率或芳烃产率。如以加氢精制后的大庆直馏（60～130℃）馏分为原料，在 490℃、总压 2.5MPa、氢油体积比为 1200：1、空速 3～6h^{-1} 的条件下进行重整反应，所得芳烃转化率即为催化剂的活性，铂催化剂一般大于 85％，铂铼可达 110％左右。

以生产高辛烷值汽油为目的时，可用所生产汽油的辛烷值比较其活性。常用辛烷值-产率曲线评价催化剂的活性。

2. 选择性

催化剂的选择性表示催化剂对不同反应的加速能力。由于重整反应是一个复杂的平行-顺序反应，因此催化剂的选择性直接影响目的产物的收率和质量。催化剂的选择性可用目的产物的收率或目的产物收率/非目的产物收率的比值进行评价，如用芳烃转化率、汽油收率、芳烃收率/液化气收率、汽油收率/液化气收率等表示。

3. 稳定性和寿命

催化剂的稳定性是衡量催化剂在使用过程中活性及选择性下降速度的指标。催化剂的活性和选择性下降主要与原料性质、操作条件、催化剂的性能和使用方法等有关。一般把催化剂活性和选择性下降叫做催化剂失活。

重整催化剂在使用过程中由于积炭、中毒、老化、金属聚集、卤素的流失、载体的破碎及烧熔等原因造成活性及选择性下降，从而影响重整催化剂的长期稳定使用，结果是芳烃转化率或汽油辛烷值降低。保持活性和选择性的能力称为催化剂的稳定性。

当重整催化剂使用过程中由于活性、选择性、稳定性、再生性能、机械强度等使用性能不能满足实际生产需求时，必须更换新催化剂。催化剂从开始使用到废弃这一段时间叫做寿命，可用小时表示，也可用每千克催化剂处理原料量表示，即 t/kg。

4. 再生性能

重整催化剂由于积炭等原因而造成的失活可通过再生来恢复其活性，但催化剂经再生后很难恢复到新鲜催化剂的水平。这是由于有些失活不能恢复（例如永久性的中毒），再生过程中由于热等作用，载体表面积减小和金属分散度下降，而使活性降低。因此，每次催化剂再生后其活性只能达到上次再生的 85％～95％，当它的活性不再满足要求时就需要更换新鲜催化剂。

5. 机械强度

催化剂在使用过程中，装卸或操作条件等原因会导致催化剂颗粒粉碎，造成床层压力降增大，压缩机能耗增加，同时也对反应不利。因此要求催化剂必须具有一定的机械强度。工业上常以耐压强度（Pa 或 N/粒）表示重整催化剂的机械强度。

三、重整催化剂的失活与控制

（一）重整催化剂失活原因

重整催化剂在生产过程中失活的原因很多，如催化剂积炭、铂晶粒的聚结、被原料中的杂质中毒等。

1. 催化剂积炭失活

对于铂催化剂，当积炭增至 3%～10%时，其活性丧失大半；对于铂铼催化剂，则当积炭达 20%时，其活性丧失大半。

催化剂因积炭引起的活性降低可以采用提高反应温度的办法来补偿，但是提高反应温度有一定的限制。铂重整装置一般限制反应温度最高不超过 520℃，此时，催化剂上的积炭量为 8%～10%。当反应温度提高到限制温度，而活性仍然不能满足要求时，就只能采用催化剂再生的办法烧去积炭来恢复其活性。

催化剂积炭的速度与原料性质和操作条件有关。原料的终馏点高、不饱和烃含量高时积炭速度快。反应条件苛刻（如高温、低空速、低氢油比等）也会增大积炭速度。

2. 铂晶粒的聚结失活

铂晶粒的分散度与其活性密切相关。在操作过程中由于催化剂上的铂晶粒长期处于高温条件以及原料中杂质与水的存在，铂晶粒会逐渐聚结长大，从而导致活性降低。

3. 催化剂中毒失活

重整催化剂的中毒有两种类型：一类是永久性中毒，催化剂的活性再也不能恢复；另一类是暂时性中毒，此类中毒只要排除毒物催化剂的活性便可以恢复。

（1）永久性毒物

① 砷和铂有很大的亲和力，能与催化剂表面的铂晶粒形成铂砷化合物，造成催化剂永久性中毒。通常铂催化剂上砷含量$>200\times10^{-6}$时，催化剂的活性即使再生也不能恢复，这种中毒称为永久性中毒。因此，对铂重整原料的含砷量应严格控制，通常铂重整原料的含砷量限制在$1\times10^{-9}\sim2\times10^{-9}$以下。

② 铅、铜、汞、铁、钠等金属也都可以引起催化剂永久中毒，因此，要注意重整原料油不要被加铅汽油污染，检修时要尽量避免铜屑、铁屑、汞等进入系统，并禁止使用氢氧化钠等含钠化合物处理原料。

（2）非永久性毒物

① 硫。原料中的含硫化合物在重整反应条件下会产生 H_2S，H_2S 能与铂反应生成金属硫化物，从而降低催化剂的脱氢-加氢活性，这个反应是可逆的，当原料中不含有硫时，在氢压下铂的活性可以恢复。但是铼对于硫更加敏感，一旦中毒则不易恢复。

如果催化剂长时间与硫接触，也会产生永久性中毒。对于新鲜或刚刚再生过的铂铼、铂铱系列催化剂，在开工初期为了抑制其过高的氢解活性，还需要加硫进行预硫化，但不能过度。

② 氮。原料中含氮化合物在重整反应条件下会产生NH_3，NH_3能吸附在催化剂的酸性中心或与氯反应生成氯化铵，从而使催化剂的酸性功能减弱，异构化活性降低。只要原料中不再含有氮，同时适当补氯，催化剂的活性就能恢复。

③ 一氧化碳和二氧化碳。一氧化碳能与铂生成络合物，造成永久性中毒。二氧化碳可还原成一氧化碳，也是毒物。原料中一般不含一氧化碳，生成气中也不会有。一氧化碳和二氧化碳主要是开工时引入系统内的工业氢或置换氮带入的，通常要求使用气体中的一氧化碳＜0.1%，二氧化碳＜0.2%。

（二）重整催化剂的失活控制

1. 抑制积炭生成

① 制备催化剂时在金属铂以外加入第二金属如铼、锡、铱等，可大大提高催化剂的稳定性。

② 提高氢油比有利于加氢反应的进行，并减少催化剂上的积炭前身物的生成。但压力加大后，烷烃和环烷烃转化成芳烃的速率减慢。

③ 对铂-铼及铂-铱双金属催化剂在进油前进行预硫化，以抑制催化剂的氢解活性，也可减少积炭。

2. 抑制金属聚集

① 再生时高温烧焦会加速金属粒子的聚集，一定要很好地控制烧焦温度，并且要防止硫酸盐的污染。

② 烧焦时注入一定量的氯化物会使金属稳定，并有助于金属的分散。

③ 选用热稳定性好的载体，如γ-Al_2O_3，在高温下不易发生相变，可减少金属聚集。

3. 防止催化剂污染中毒

① 开工前必须对装置进行彻底清扫。清除杂物和硫化铁等污染物，装填催化剂必须在晴天进行，催化剂要装得均匀结实，各处松密一致，以免进油后油气分布不均，产生短路。

② 开工前必须对装置进行彻底干燥。在运转过程中，氧及有机氧化物在重整条件下会很快变为水，如果原料油中的含水量过高，会洗下催化剂上的氯，使催化剂酸性功能减弱而失活。干燥主要通过循环压缩机用热氮气循环流动来完成，在各低点排去游离水。

③ 原料油中的有机氮化物在重整条件下会生成氨，进而生成氯化铵，使催化剂的酸性功能减弱而失活。当发现原料油中的氮含量增加时，首先要降低反应温度，寻找原因，加以排除，不宜补氯和提温。

④ 如发现硫中毒，也是先降低反应温度，再找出硫高的原因并加以排除。催化剂硫中毒的一种情况是再生时硫酸盐中毒而失活。当催化剂烧焦时，存在于炉管和热交换器内的硫化铁与氧作用生成二氧化硫和三氧化硫进入催化剂床层，在催化剂上生成亚硫酸盐及硫酸盐，强烈地吸附在铂及氧化铝上，促使金属晶粒长大，抑制金属的再分散，活性变差，并难以氯化更新。

⑤ 必须严格控制原料油中的砷和其他金属（如 Cu 等）的含量，以防止催化剂发生永久性中毒。

四、重整催化剂的使用方法

1. 催化剂的还原

还原过程是在循环氢气的氛围下，将催化剂上氧化态的金属还原成具有更高活性的金属催化剂的还原态。操作如下：

① 还原前用氮气吹扫系统，一次通过，以除去系统中的含氧气体。

② 还原时从低温开始先用干燥的电解氢或经活性炭吸附过的重整氢一次通过床层，从高压分离器排出，以吹扫系统中的氮气。

③ 然后用氢将系统充压到0.5～0.7MPa进行循环，并以30～50℃/h速度升温。当温度升到480～500℃时保持1h结束还原。

④ 在整个还原过程中，在各部位的低点放空排水。在有分子筛干燥设施的装置上，必要时可投用分子筛干燥设施。

2. 催化剂预硫化

对铂铼或铂铱双金属催化剂而言，需在进油前进行硫化，以降低过高的初活性，防止进油后发生剧烈的氢解反应。

① 硫化温度为370℃左右，硫化剂（硫醇或二硫化碳）从各反应器入口注入，以免炉管吸硫造成硫不足，同时也避免硫的腐蚀。

② 硫化剂在1h内注完，新装置注硫量要多一些。注硫量不同，进油后床层温度和氢浓度的变化也不一样。一般注硫量第一、第二反应器以0.06%～0.15%为宜，第三、第四反应器要稍高一些。

③ 硫化时如注硫量过多，则在进油后由于催化剂上的硫释放出来，需要较长时间才能将循环气中的硫含量降到2μg/g以下，在此期间不能将反应温度提高到所需温度，只能在480℃的条件下运转，否则会加速催化剂失活。

3. 催化剂的再生

催化剂经长期运转后，如因积炭失去活性，经烧焦、氯化更新、还原及硫化等过程，可完全恢复其活性；但如因金属中毒或高温烧结而严重失活，再生不能使其恢复活性，则必须更换催化剂。

（1）烧焦　烧焦在整个再生过程中所占时间最长，且在高温下进行，而高温与催化剂上微孔结构的破坏、金属的聚集和氯的损失都有很大关系，所以要采取措施尽量缩短烧焦时间并很好地控制烧焦温度。烧焦前将系统中的油气吹扫干净，以节省无谓的高温燃烧时间。烧焦时若采用高压，则可加快烧焦速率。提高再生气的循环量，除了可加快积炭的燃烧外，还可及时将燃烧时所产生的热量带出。烧焦时床层温度不宜超过460℃，再生气中氧的体积分数宜控制在0.3%～0.8%。当反应器内的燃烧高峰过后，温度会很快下降，如进出口温度相同，表明反应器内的积炭已基本烧完。在此基础上将温度升到480℃，同时提高再生气中氧的体积分数至1.0%～5.0%，烧去残炭。

（2）氯化更新　烧焦后对催化剂再进行氯化和更新，可使催化剂的活性进一步恢复而达到新鲜催化剂的水平，有时甚至可以超过新鲜催化剂的水平。

重整催化剂在使用过程中，特别是在烧焦时，铂晶粒会逐渐长大，分散度降低，同时烧焦过程中产生的水会使催化剂上的氯流失。氯化就是在烧焦之后，用含氯气体（通常为二氯乙烷）在一定的温度下处理催化剂，使铂晶粒重新分散，从而提高催化剂的活性，氯化的同时也可以给催化剂补充一部分氯。更新是在氯化之后，用干空气在高温下处理催化剂。更新的作用是使铂的表面再氧化以防止铂晶粒的聚结，从而保持催化剂的表面积和活性。

（3）被硫污染后的再生半再生　重整催化剂及系统被硫污染后，在烧焦前必须先将临氢系统中的硫及硫化铁除去，以免催化剂在再生时受硫酸盐污染。通用的脱除临氢系统中的硫及硫化铁的方法有高温热氢循环脱硫及氧化脱硫法。

① 高温热氢循环脱硫，是在装置停止进油后，压缩机继续循环，并将温度逐渐提高到510℃，循环气中的氢在高温下与硫及硫化铁反应生成硫化氢，并通过分子筛吸附除去。当油气分离器出口气中的 H_2S 小于 $1\mu g/g$ 时，热氢循环即可结束。

② 氧化脱硫，是将加热炉和热交换器等有硫化铁的管线与重整反应器隔断，在加热炉炉管中通入含氧的氮气，在高温下一次通过，将硫化铁氧化成二氧化硫而排出。气中氧的体分数为0.5%～1.0%，压力为0.5MPa。当温度升到420℃时，硫化铁的氧化反应开始剧烈，二氧化硫浓度最高可达几千微克每克，控制最高温度不超过500℃。当气体中的二氧化硫低于 $10\mu g/g$ 时，将氧的体积分数提高到5%，再氧化2h即可结束。

单元三　催化重整原料预处理

一、催化重整原料的要求

对重整原料的选择主要有馏分组成、族组成及毒物和杂质含量这三方面的要求。

（一）馏分组成

对重整原料馏分组成的选择是根据生产目的来确定的。以生产高辛烷值汽油为目的时，以直馏汽油为原料，馏分范围选择90～180℃，从全厂综合考虑，为了保证喷气燃料的生产，重整原料油的终馏点不宜大于145℃。以生产芳烃为目的时，在同时生产芳烃和高辛烷值汽油时可采用60～180℃的宽馏分作为重整原料。可根据表6-2选择适宜的馏分组成。

表6-2　生产各种芳烃时的适宜馏程

目的产物	适宜馏程/℃	目的产物	适宜馏程/℃
苯	60～85	二甲苯	110～145
甲苯	85～110	苯-甲苯-二甲苯	60～145

（二）族组成

族组成是指石油馏分中，烷烃、烯烃、环烷烃和芳烃等烃类分子所占的比例。重整反应的进行主要是由精制油中所含有的各种烃类的数量来决定的（即烷烃、环烷烃和芳烃）。芳烃在通过铂重整装置时基本上不发生变化，而大多数环烷烃则很快发生反应并且有效地转化成芳烃。这就是铂重整的基本反应。烷烃则属于转化难度最大的化合物。在大多数的低苛刻度应用情况下，只有少量的烷烃能够转化成芳烃。在高苛刻度的应用情况下，烷烃的转化率要高一些，但是转化速率仍然比较慢，效率并不高。因此，环烷烃含量高的原料不仅在重整时可以得到较高的芳烃产率和氢气产率，而且可以采用较大的空速，同时减少催化剂积炭，延长运转周期。一般以为芳烃潜含量表示重整原料组成。芳烃潜含量越高，重整原料的族组成越理想。

芳烃潜含量是指将重整原料中的环烷烃全部转化为芳烃的芳烃质量与原料中原有芳烃质量之和占原料质量的百分数。其计算方法如下：

$$\text{芳烃潜含量}=\text{苯潜含量}+\text{甲苯潜含量}+C_8\ \text{芳烃潜含量}$$

$$\text{苯潜含量}=C_6\ \text{环烷烃的质量分数}\times 78/84+\text{苯的质量分数}$$

$$\text{甲苯潜含量}=C_7\ \text{环烷烃的质量分数}\times 92/98+\text{甲苯的质量分数}$$

$$C_8\ \text{芳烃潜含量}=C_8\ \text{环烷烃的质量分数}\times 106/112+C_8\ \text{芳烃的质量分数}$$

式中，78、84、92、98、106、112 分别为苯、六碳环烷烃、甲苯、七碳环烷烃、八碳芳烃和八碳环烷烃的分子量。

重整生成油中的实际芳烃含量与原料的芳烃潜含量之比称为“芳烃转化率”或“重整转化率”。

$$\text{重整芳烃转化率}=\text{芳烃产率}/\text{芳烃潜含量}$$

在芳烃产率中包含了原料中原有的芳烃和由烷烃及环烷烃转化生成的芳烃，其中原有的芳烃并没有经过芳构化反应。此外，在重整中，原料中的烷烃极少转化为芳烃，而且环烷烃也不会全部转化成芳烃，故重整转化率一般都小于 100%。但铂铼重整及其他双金属或多金属重整，由于促进了烷烃的环化脱氢反应，重整转化率经常大于 100%，目前连续重整装置反应的转化率一般大于 150%。

（三）杂质含量

重整原料中含有少量的砷、铅、铜、铁、硫、氮等杂质，会使催化剂中毒失活。水和氯的含量控制不当也会造成催化剂活性下降或失活。为了保证催化剂在长周期运转中具有较高的活性和选择性，必须严格限制重整原料中的杂质含量，如表 6-3 所示。

表 6-3　重整原料中的杂质含量

杂质	铂重整/(μg/g)	双金属及多金属/(μg/g)	杂质	铂重整/(μg/g)	双金属及多金属/(μg/g)
砷	$<2\times10^{-3}$	$<1\times10^{-3}$	硫	<10	<1
铅	$<20\times10^{-3}$	$<5\times10^{-3}$	水	<20	<5
铜	$<10\times10^{-3}$	—	氯	<5	—
氮	<1	<1			

二、催化重整原料预处理工艺流程

重整原料预处理的目的是切取符合重整要求的馏分和脱除对重整催化剂有害的杂质及水分，满足重整原料的馏分、族组成和杂质含量的要求。重整原料的预处理由预分馏、预加氢、预脱砷和脱水等单元组成，其工艺原理流程如图 6-3 所示。

（一）预分馏

预分馏的目的是切除原料中 C_6 以下的轻组分，为重整准备符合馏程要求的原料。在预分馏部分，原料油经过精馏以切除其轻组分（拔头油）。生产芳烃时，一般只切低于60℃的馏分。而生产高辛烷值的汽油时，切低于90℃的馏分。原料油的干点通常均由上游装置控制，少数装置也通过预分馏切除过重馏分，使其馏分组成符合重整装置的要求。

（二）预加氢

加氢的作用是脱除原料油中对催化剂有害的杂质，如砷、铜、铅、汞、硫、氮和氧等，使杂质的含量达到限制要求，同时也使烯烃饱和以减少催化剂的积炭，从而延长运转周期。预加氢是在催化剂和氢压的条件下，将原料中的杂质去除。

① 含硫、氮、氧等的化合物在预加氢条件下发生氢解反应，生成硫化氢、氨和水，经预加氢汽提塔或脱水塔分离除去。

② 烯烃通过加氢生成饱和烃。烯烃的饱和程度用溴价或碘价表示，一般要求重整原料的溴价或碘价小于1g/(100g油)。

③ 铅、铜等金属化合物在预加氢条件下分解成单质金属，然后吸附在催化剂表面。

（三）预脱砷

砷不仅是重整催化剂最严重的毒物，也是各种预加氢精制催化剂的毒物。因此，必须在预加氢前把砷降到较低的程度。重整反应原料含砷量要求在 $1\times10^{-3}\mu g/g$ 以下。如果原料油的含砷量＜0.1μg/g，可不经过单独脱砷，经过预加氢就可符合要求。

目前，工业上使用的预脱砷方法主要有三种：吸附法、氧化法和加氢法。

(1) 吸附法　吸附法是采用吸附剂将原料油中的砷化合物吸附在脱砷剂上进行脱除。常用的脱砷剂是浸渍有5%～10%硫酸铜的硅铝小球。

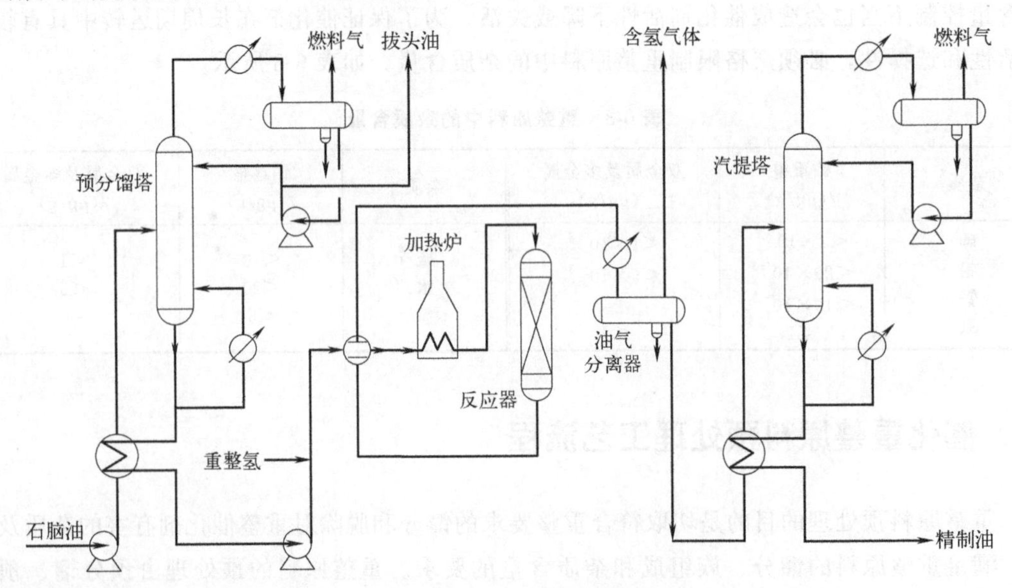

图6-3　重整原料预处理的典型流程

（2）氧化法　氧化法是将氧化剂与原料油混合在反应器中进行氧化反应，砷化合物被氧化后经蒸馏或水洗除去。常用的氧化剂是过氧化氢异丙苯，也有用高锰酸钾的。

（3）加氢法　加氢法是采用加氢预脱砷反应器与预加氢精制反应器串联，两个反应器的反应温度、压力及氢油比基本相同。预脱砷所用的催化剂是四钼酸镍加氢精制催化剂。

单元四　催化重整工艺流程

催化重整工艺流程包括四个部分：原料预处理、反应（再生）、芳烃抽提和芳烃精制，其中反应（再生）部分按系统催化剂再生方式可分为固定床半再生、固定床循环再生和移动床连续再生。

① 固定床半再生式是当催化剂运转一定时间后，由于活性下降而不能继续使用时，需就地停工再生或换用异地再生好的或新鲜的催化剂，再生后重新开工运转，因此称为半再生式重整过程。

② 固定床循环再生是设几个反应器，每一个反应器都可在不影响装置连续生产的情况下脱离反应系统进行再生。

③ 移动床连续再生是设有专门的再生器，催化剂在反应器和再生器内进行移动，并且在两器之间不断地进行循环反应和再生，催化剂全部定期再生一遍。

一、固定床半再生式重整工艺

1. 典型的铂铼重整工艺流程

铂铼双金属催化剂半再生式重整反应工艺原理流程如图 6-4 所示。

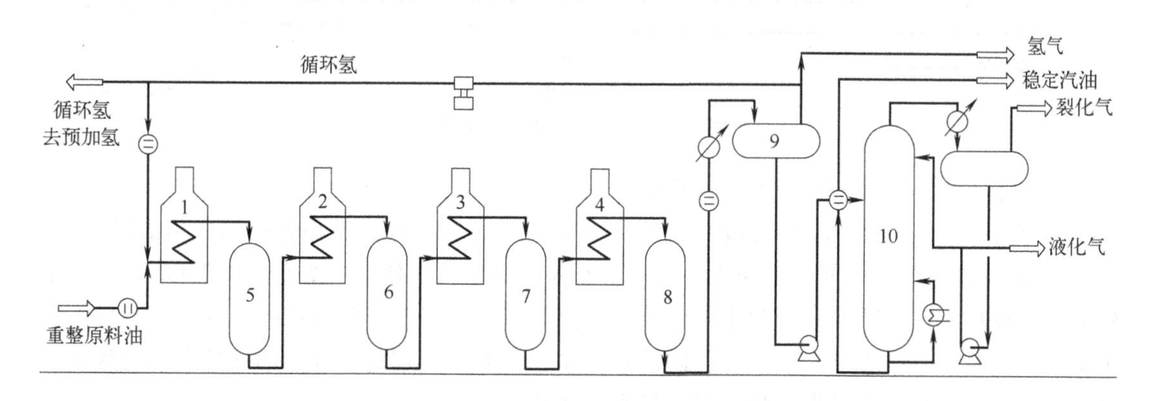

图 6-4　半再生式重整反应工艺原理流程

1～4—加热炉；5～7—重整反应器；8—后加氢反应器；9—高压分离器；10—稳定塔

经预处理的原料油与循环氢混合，再经换热、加热后进入重整反应器。典型的铂铼重整反应主要由三至四个绝热反应器串联，每个反应器之前都有加热炉，提供反应所需的热量。反应器的入口温度一般为 480～520℃，其他操作条件为：空速 1.5～2h^{-1}，氢油比（体积）约为 1200∶1，压力 1.5～2MPa，生产周期为半年至一年。

自最后一个反应器出来的重整产物温度很高（490℃左右），为了回收热量而进入一台大型立式换热器与重整进料换热，再经冷却后进入油气分离器，分出含氢85%～95%（体积分数）的气体（富氢气体）。经循环氢压缩机升压后，大部分送回反应系统作为循环氢使用，小部分去预加氢部分。如果是以生产芳烃为目的的工艺过程，分离出的重整生成油进入脱戊烷塔，塔顶蒸出≤C_5的组分，塔底是含有芳烃的脱戊烷油，作为芳烃抽提部分的进料油。如果重整装置只生产高辛烷值汽油，则重整生成油只进入稳定塔，塔顶分出裂化气和液态烃，塔底产品为满足蒸气压要求的稳定汽油。稳定塔和脱戊烷塔实际上完全相同，只是生产目的不同时，名称不同。

2. 麦格纳重整工艺流程

麦格纳重整属于固定床反应器半再生式过程，其反应系统工艺流程如图6-5所示。

麦格纳重整工艺是根据每个反应器所进行反应的特点，对主要操作条件进行优化。例如，将循环氢分为两路，一路从第一反应器进入，另一路则从第三反应器进入。在第一、第二反应器采用高空速、较低反应温度及较低氢油比，这样可有利于环烷烃的脱氢反应，同时抑制加氢裂化反应。后面的1个或2个反应器则采用低空速、高反应温度及高氢油比，这样有利于烷烃环化脱氢反应。这种工艺的主要特点是可以得到较高的液体收率，装置能耗也有所降低。固定床半再生式重整装置多采用此种工艺流程，也称为分段混氢流程。

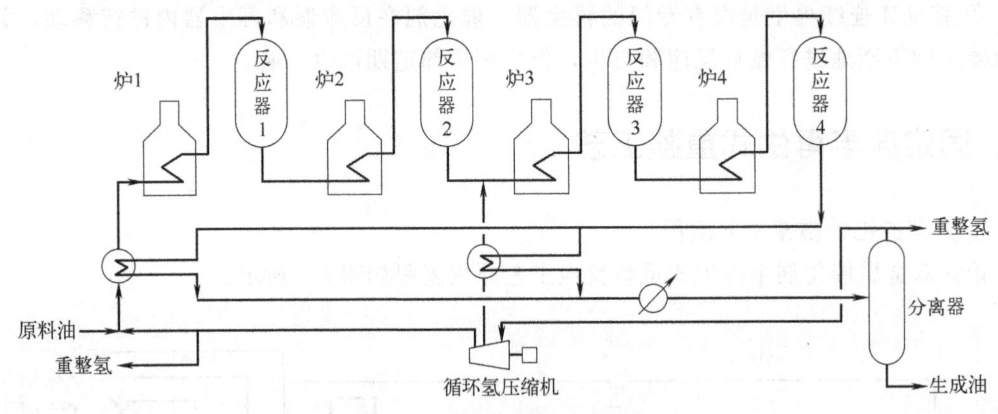

图6-5　麦格纳重整工艺流程

固定床半再生式重整过程的工艺特点：

① 优点是反应系统简单，运转、操作与维护比较方便，建筑费用较低，应用最广泛。

② 缺点是由于催化剂活性变化，要求不断地变更运转条件（主要是反应温度），到了运转末期，反应温度相当高，导致重整油收率下降，氢纯度降低，气体产率增加，而且停工再生影响全厂生产，装置开工率较低。随着双（多）金属催化剂的活性、选择性和稳定性的改进，其能在苛刻条件下长期运转，发挥了它的优势。

二、移动床连续再生式重整工艺

半再生式重整会因催化剂的积炭而被迫停工进行再生。为了能经常保持催化剂的高活性，在有利于芳构化反应的条件下进行操作，并且随着炼油厂加氢工艺的日益增多，需要连续地供应氢气。美国环球油品公司（UOP）和法国石油研究院（IFP）分别研究和发展了移动床反应器连续再生式重整，简称连续重整。其主要特征是设有专门的再生器，催化剂在反应器和再生器内进行移动，并且在两器之间不断地进行循环反应和再生，一般每 3～7 天催化剂可全部再生一遍。

1. UOP 连续重整反应系统的工艺流程

在 UOP 连续重整装置中，再生系统由分离料斗、再生器、流量控制料斗、缓冲罐、还原区及有关管线、特殊阀组和设备组成，并由专用程序逻辑控制系统进行监测和控制。三个反应器是叠置的，催化剂由上而下依次通过，然后提升至再生器再生。恢复活性后的再生催化剂返回第一反应器又进行反应。催化剂在系统内形成一个闭路循环，如图 6-6 所示。

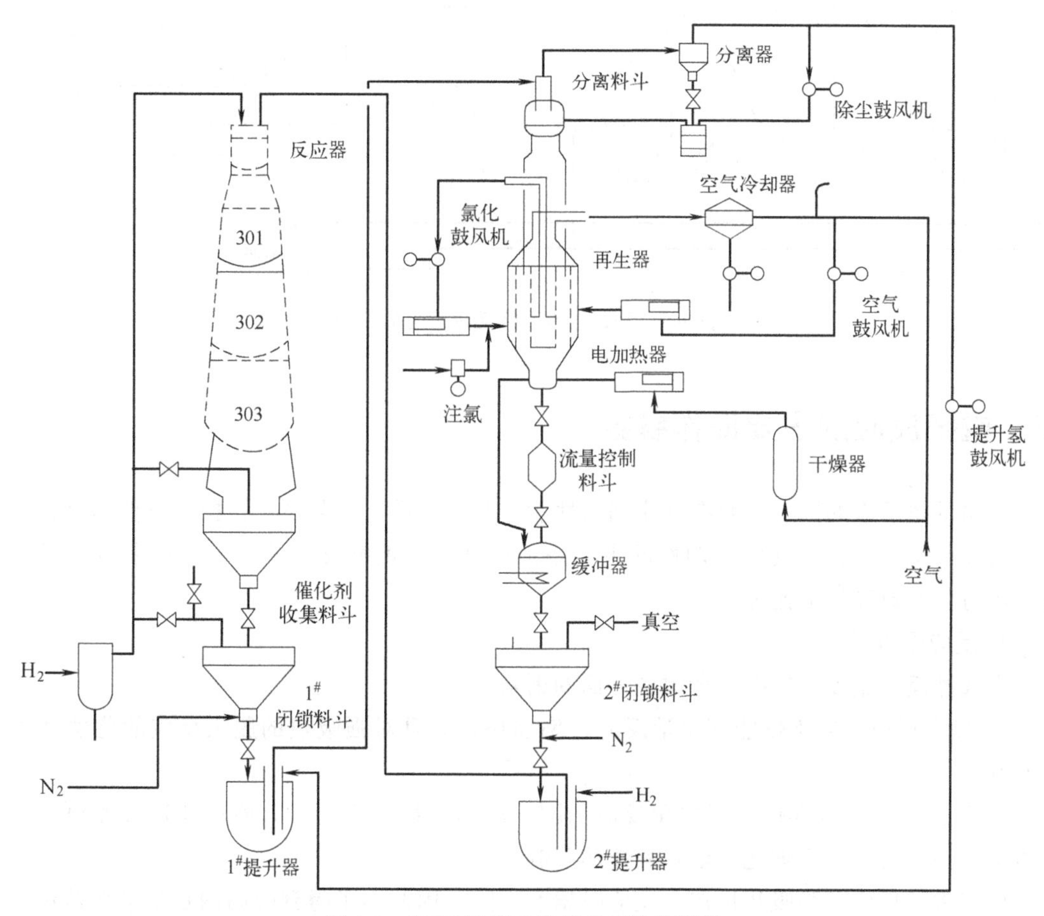

图 6-6　UOP 连续重整反应系统的流程

2. IFP 连续重整反应部分工艺流程

在连续重整装置中，催化剂连续地依次流过串联的三个（或四个）移动床反应器，从最后一个反应器流出的待生催化剂含碳量为 5%～7%。待生催化剂依靠重力和气体提升输送设备到再生器进行再生。恢复活性后的再生催化剂返回第一反应器又进行反应。催化剂在系统内形成一个循环。由于催化剂可以频繁地进行再生，可采用比较苛刻的反应条件，即低反应压力（0.8～0.35MPa）、低氢油比（4～1.5）和高反应温度（500～530℃）。其结果是更有利于烷烃的芳构化反应，重整生成油的辛烷值（RON）可高达 100，甚至 105 以上，液体收率和氢气产率高。IFP 连续重整反应系统具体流程如图 6-7 所示。

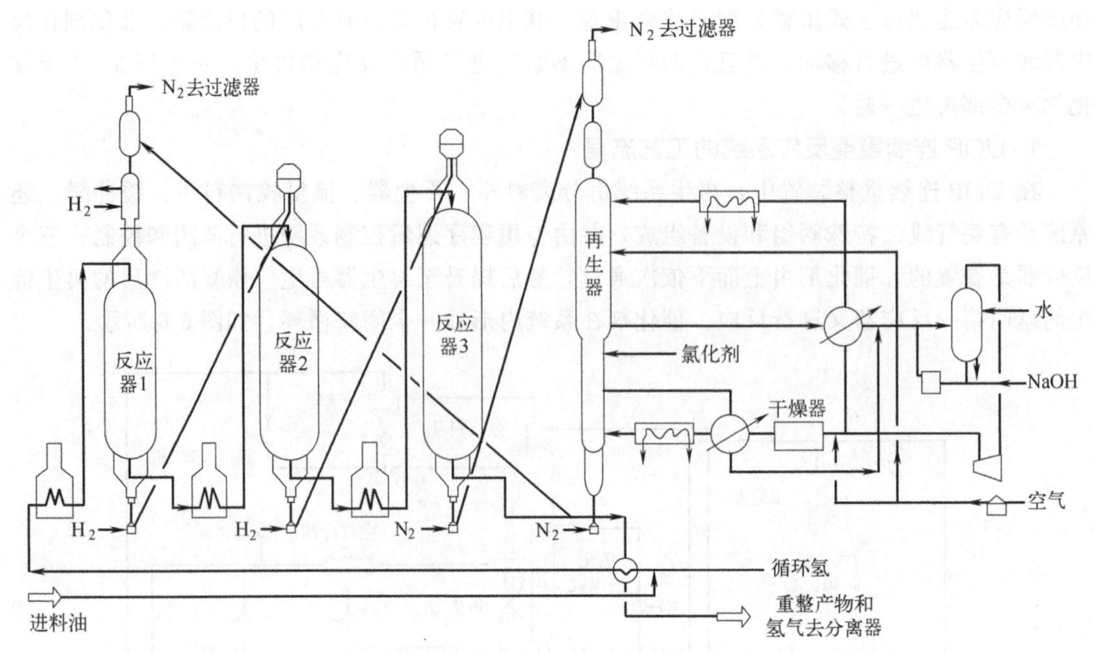

图 6-7　IFP 连续重整反应系统的流程

三、重整反应的主要操作参数

影响重整反应的因素主要有催化剂的性能、原料性质、工艺技术、操作条件和设备结构等。在实际生产过程中具备可调性的主要是操作条件，重整反应的主要操作参数有反应温度、压力、空速和氢油比等。

1. 反应温度

在选择反应温度时应综合考虑各方面的因素：

① 提高反应温度不仅能使化学反应速率加快，而且对强吸热的脱氢反应的化学平衡也很有利。

② 提高反应温度会使加氢裂化反应加剧，液体产物收率下降，催化剂积炭加快。反应温度会受到设备材质和催化剂耐热性能的限制。

由于重整反应是强吸热反应，反应时温度下降，因此为了得到较高的重整平衡转化率并保持较快的反应速率，必须维持合适的反应温度，需要在反应过程中不断地补充热量。为此，重整反应器一般由三至四个反应器串联，反应器之间通过加热炉加热到所需的反应温度。这样，由进出反应器的物料温差提供反应过程所用的热量，这一温差称为反应器温降。在正常生产过程中，反应器的入口温度一般为 480～520℃，反应器温降依次减小。表 6-4 为某固定床重整过程反应器催化剂的装入比例和温降。

表 6-4　某固定床重整过程反应器催化剂的装入比例和温降

项目	第一反应器	第二反应器	第三反应器	第四反应器	总计
催化剂的装入比例	1	1.5	3.0	4.5	10
温降/℃	76	41	18	8	143

2. 反应压力

选择适宜的反应压力应从以下三方面考虑：

（1）工艺技术　有两种方法：一种是采用较低的压力，经常再生催化剂，例如采用连续重整或循环再生强化重整工艺。另一种是采用较高的压力，虽然转化率不太高，但可延长操作周期，例如采用固定床半再生式重整工艺。

（2）原料性质　易生焦的原料要采用较高的反应压力，例如高烷烃原料比高环烷烃原料容易生焦，重馏分也容易生焦，对这类易生焦的原料通常要采用较高的反应压力。

（3）催化剂性能　催化剂的容焦能力大、稳定性好，则可以采用较低的反应压力。例如铂铼等双金属及多金属催化剂有较高的稳定性和容焦能力，可以采用较低的反应压力，既能提高芳烃转化率，又能维持较长的操作周期。

提高反应压力对生成芳烃的环烷脱氢、烷烃环化脱氢反应都不利，但对加氢裂化反应却有利。因此，从增加芳烃产率的角度来看，希望采用较低的反应压力。在较低的压力下可以得到较高的汽油产率和芳烃产率，氢气的产率和纯度也较高。但是在低压下催化剂受氢气保护的程度下降，积炭速率较快，从而使操作周期缩短。

半再生式铂重整反应压力采用 2～3MPa，铂铼重整一般采用 1.8MPa 左右。连续再生式重整装置的压力可低至约 0.8MPa，新一代连续再生式重整装置的压力已降低到 0.35MPa。重整技术的发展就是反应压力从高到低的变化过程，反应压力已成为能反映重整技术水平高低的重要标志。

3. 空速

空速反映了反应时间的长短，降低空速可以使反应物与催化剂的接触时间延长。空速越大，反应时间越短，处理能力就越大。空速的选择取决于催化剂的活性和原料组成；催化重整中各类反应的反应速率不同，因而空速的变化对各类反应的影响也不同。

通常在生产芳烃时，采用较高的空速；生产高辛烷值汽油时，采用较低的空速，以增加反应深度，使汽油辛烷值提高。但空速较低增加了加氢裂化反应程度，汽油收率降低，导致氢消耗量和催化剂结焦增加。选择空速时还应考虑原料的性质和装置的处理量。对环烷基原料，可以采用较高的空速，而对烷基原料则采用较低的空速。空速越大，装置处理量越大。

我国铂铼重整装置一般采用 $1.5\sim2h^{-1}$。

4. 氢油比

氢油比常用两种表示方法，即

$$质量空速=原料油流量(t/h)\div催化剂总用量(t)$$

$$体积空速=原料油流量(m^3/h,20℃)\div催化剂总用量(m^3)$$

在重整反应中，除反应生成的氢气外，还要在原料油进入反应器之前混合一部分氢气，这部分氢气不参与重整反应，在工业上称为循环氢。通入循环氢主要起如下作用：

① 抑制生焦反应，减少催化剂上的积炭，起到保护催化剂的作用。

② 起到热载体的作用，减小反应床层的温降，使反应温度不致降得太低。

③ 稀释原料，使原料更均匀地分布于催化剂床层。

在总压不变时提高氢油比，意味着提高氢分压，有利于抑制生焦反应。但提高氢油比会使循环氢量增加，压缩机动力消耗增加。当氢油比过大时，会由于减少了反应时间而降低了转化率。

对于稳定性高的催化剂和生焦倾向小的原料，可以采用较小的氢油比。铂铼重整装置采用的氢油比一般小于5，铂重整催化剂氢油比一般为5～8，连续再生式重整的氢油比一般为1～3。

单元五　芳烃抽提和芳烃精馏

当以生产芳烃为目的时，还需将脱戊烷重整油中大量的低分子芳烃分离出来，目前广泛采用的是溶剂液-液抽提和芳烃精馏的方法从脱戊烷油中分离得到C_6、C_7、C_8芳烃及重质芳烃。重整油中分出的芳烃称为重整芳烃，已成为低分子芳烃的一个重要来源。

一、芳烃抽提原理

溶剂液-液抽提原理是根据某种溶剂对脱戊烷油中芳烃和非芳烃的溶解度不同，并且能形成两个密度不同的液相，从而使芳烃与非芳烃分离，得到混合芳烃。在芳烃抽提过程中，溶剂与脱戊烷油混合后分为两相（在容器中分为两层），一相由溶剂和能溶于溶剂中的芳烃组成，称为提取相（又称为富溶剂、抽提液、抽出层或提取液）；另一相为不溶于溶剂的芳烃，称为提余相（又称为提余液、非芳烃）。两相液层分离后，再将溶剂和芳烃分开，溶剂循环使用，混合芳烃作为芳烃精馏原料。

芳烃抽提原理

影响抽提过程的因素主要有原料的组成、溶剂的性能、抽提方式、操作条件等。衡量芳烃抽提过程的主要指标有芳烃回收率、芳烃纯度和过程能耗。其中，芳烃回收率的定义为：

$$芳烃回收率=\frac{抽出产品芳烃量}{脱戊烷油中芳烃量}\times 100\%$$

1. 溶剂选择

溶剂使用性能的优劣，对芳烃抽提装置的投资、效率和操作费用起着决定性的作用。在选择溶剂时必须考虑如下三个基本条件：

① 对芳烃有越高溶解能力的溶剂对芳烃溶解度越大，则芳烃回收率越高，溶剂用量越小，设备利用率越高，操作费用也就较少。

② 对芳烃的选择性越高，分离效果越好，芳烃产品纯度越高。

③ 溶剂与原料油的密度差要大，提取相与提余相越易分层。同时，溶剂价格应低廉，来源充足。

目前，工业上采用的主要溶剂有：二乙二醇醚、三乙二醇醚、四乙二醇醚、二丙二醇醚、二甲基亚砜、环丁砜和*N*-甲基吡咯烷酮等。

2. 抽提方式选择

工业上多采用多段逆流抽提方法，其抽提过程在抽提塔中进行。为提高芳烃纯度，可采用打回流方式，即以一部分芳烃回流打入抽提塔，称为芳烃回流。工业上广泛用于重整芳烃抽提的抽提塔是筛板塔。

3. 操作条件的选择

(1) 操作温度　温度升高，溶解度增大，有利于芳烃回收率的增大。但是，随着芳烃溶解度的增加，非芳烃在溶剂中的溶解度也会增大，而且比芳烃增加得更多，从而使溶剂的选择性变差，使产品芳烃纯度下降。

抽提塔的操作温度一般为125～140℃。而对于环丁砜来说，操作温度在90～95℃范围内比较适宜。

(2) 溶剂比　溶剂比增大，芳烃回收率增大，但提取相中的非芳烃量也增加，使芳烃产品纯度下降。同时溶剂比增大，设备投资和操作费用也增加。所以，在保证一定芳烃回收率的前提下应尽量降低溶剂比。

对于不同原料和溶剂应选择适宜的温度和溶剂比，一般选取溶剂比为15～20。

(3) 回流比　调节回流比是调节产品芳烃纯度的主要手段。回流比大则产品芳烃纯度高，但芳烃回收率有所下降。回流比的大小，应与原料中芳烃含量多少相适应，原料中芳烃含量越高，回流比可越小。减小溶剂比时，产品芳烃纯度提高，起到提高回流比的作用；反之，增大溶剂比具有降低回流比的作用。

一般选用回流比为1.1～1.4，此时，产品芳烃的纯度可达99.9%以上。

(4) 溶剂含水量　含水愈高，溶剂的选择性愈好。因此，溶剂中含水量是用来调节溶剂选择性的一种手段。但是，溶剂含水量的增加，将使溶剂的溶解能力降低。对于二乙二醇醚来说，温度在140～150℃时，溶剂含水量选用6.5%～85%。

(5) 压力　抽提塔的操作压力对溶剂的溶解性能影响很小，因而对芳烃纯度和芳烃回收率影响不大。当以60～130℃馏分作为重整原料时，抽提温度在150℃左右，抽提压力应维持在0.8～0.9MPa。

二、芳烃抽提工艺流程

芳烃抽提的工艺流程一般包括抽提、溶剂回收和溶剂再生三个部分。典型的二乙二醇醚抽提装置的工艺流程如图6-8所示。

（一）抽提部分

原料（脱戊烷油）从抽提塔（萃取塔）的中部进入。抽提塔是一个筛板塔，溶剂从塔的顶部进入与原料进行逆流接触抽提。从塔底出来的是提取液，其主要是溶剂和芳烃，提取液送入溶剂回收部分的汽提塔以分离溶剂和芳烃。为了提高芳烃的纯度，抽提塔底打入经加热的回流芳烃。

（二）溶剂回收部分

溶剂回收部分的任务是从提取液、提余液和水中回收溶剂并使之循环使用。溶剂回收部分的主要设备有汽提塔、水洗塔和水分馏塔。

1. 汽提塔

汽提塔的主要任务是回收提取液中的溶剂。

汽提塔结构是顶部带有闪蒸段的浮阀塔，全塔分为三段：顶部闪蒸段、上部抽提蒸馏段和下部汽提段。

汽提塔在常压下操作，由抽提塔底来的提取液经换热后进入汽提塔顶部。在闪蒸段，提取液中的轻质非芳烃、部分芳烃和水因减压闪蒸出去，余下的液体流入抽提蒸馏段。抽提蒸馏段顶部引出的芳烃含有少量非芳烃（主要是 C_6），这部分芳烃与闪蒸产物混合经冷凝并分去水分后作为回流芳烃返回抽提塔下部。

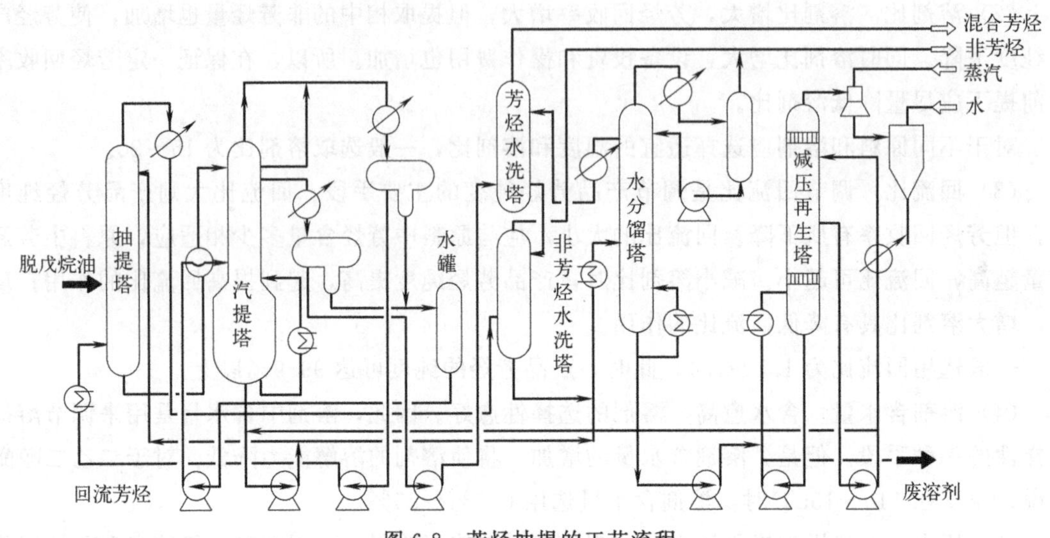

图 6-8　芳烃抽提的工艺流程

2. 水洗塔

水洗塔有两个：芳烃水洗塔和非芳烃水洗塔，这两个是筛板塔。

在水洗塔中，用水洗去芳烃或非芳烃中的二乙二醇醚，从而减少溶剂的损失。在水洗塔中，水是连续相而芳烃或非芳烃是分散相。从两个水洗塔塔顶分别引出混合芳烃品和非芳烃产品。

芳烃水洗塔的用水量一般约为芳烃量的 30%。这部分水是循环使用的，其循环路线为：水分馏塔—芳烃水洗塔—非芳烃水洗塔—水分馏塔。

3. 水分馏塔

水分馏塔的任务是回收溶剂并取得干净的循环水。

对送去再生的溶剂，先通过水分馏塔分出水，以减轻溶剂再生塔的负荷。

水分馏塔在常压下操作，塔顶采用全回流，以便使夹带的轻油排出。大部分不含油的水从塔顶部侧线抽出。国内的水分馏多采用圆形泡罩塔板。

（三）溶剂再生部分

二乙二醇醚在使用过程中由于高温及氧化会生成大分子的叠合物和有机酸，导致堵塞和腐蚀设备，并降低溶剂的使用性能。为了保证溶剂的质量，一方面要注意经常加入乙醇胺以中和生成的有机酸，使溶剂的 pH 经常维持在 7.5～8.0；另一方面要经常从汽提底抽出的贫溶剂中引出一部分溶剂去再生。

再生是采用蒸馏的方法将溶剂和大分子叠合物分离。因二乙二醇醚的常压沸点是245℃，已超出其分解温度164℃，必须用减压（约0.0025MPa）蒸馏。减压蒸馏在减压再生塔中进行。塔顶抽真空，塔中部抽出再生溶剂，一部分作为塔顶回流，余下的送回抽提系统。

三、芳烃精馏工艺流程

由溶剂抽提出的芳烃是一种混合物，其中包括苯、甲苯和各种结构的C_8、C_9和C_{10}等重质芳烃。芳烃精馏的工艺流程有两种类型，一种是三塔流程（图6-9），用来生产苯、甲苯、混合二甲苯和重芳烃；另一种是五塔流程，用来生产苯、甲苯、邻二甲苯、乙苯和重芳烃。混合芳烃先换热再加热后进入白土塔，通过白土吸附以除去其中的不饱和烃，从白土塔出来的混合物温度在90℃左右，而后进入苯塔中部，塔底物料在重沸器内用热载体加热到130～135℃，塔顶产物经冷凝冷却器冷却至40℃左右进入回流罐。经沉降脱水后，打至苯塔顶作为回流，苯产品则从塔侧线抽出，经换热冷却后进入成品罐。芳烃精馏的操作条件如表6-5所示。

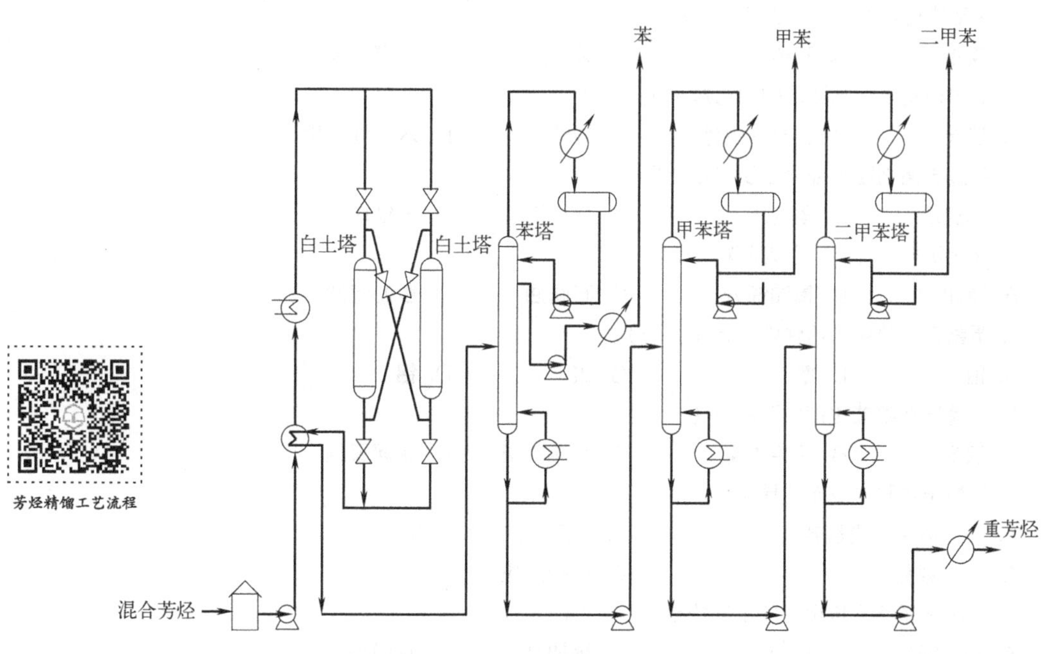

图6-9　芳烃精馏工艺流程

表6-5　芳烃精馏的操作条件

项目	苯塔	甲苯塔	二甲苯塔
塔顶压力/MPa	0.02	0.02	0.02
塔顶温度/℃	79	114	135
塔底温度/℃	135	149	173
塔板数/块	44	50	40
回流比	7	3.2	1.7

读一读 认识对二甲苯

对二甲苯（PX）是一种重要的有机化工原料，主要用于聚酯、塑料、涤纶、合金及其他工业元件等，除此之外，PX还用来做溶剂及生产医药、香料。

PX主要来自石油炼制过程的中间产品石脑油，经过催化重整或者乙烯裂解之后获得重整汽油、裂解汽油，再经过芳烃抽提工艺得到混合二甲苯，然后经吸附分离制取。目前国际上典型的PX生产工艺主要有美国UOP公司与法国IFP开发的生产工艺，国内中国石化在2011年也攻克了PX的全流程工艺难关，成了主要的PX技术专利商之一。这些工艺都已攻克了安全生产和环保关，能够保证PX在安全的环境中生产。运用这些先进技术，人类在PX的生产历史上，至今为止没有发生过一件对环境、居民造成严重危害的重特大污染事故。

自测习题

一、选择题

1. 重整催化剂上焦炭的主要成分是（　　）。

A. 碳和氢　　B. 乙烯　　C. 碳　　D. 碳氧化物

2. 氮对重整催化剂造成的中毒属于（　　）。

A. 积炭　　B. 暂时性中毒　　C. 烧结　　D. 永久性中毒

3. 不属于溶剂回收部分主要设备的是（　　）。

A. 汽提塔　　B. 固定床　　C. 水洗塔　　D. 分馏塔

4. 催化重整以（　　）为原料。

A. 渣油　　B. 重油馏分　　C. 石脑油　　D. 脱沥青油

5. 重整工艺催化剂活性中心是（　　）。

A. 铂　　B. 氯　　C. 碳　　D. 铝

6. 不属于重整催化剂失活的是（　　）。

A. 积炭　　B. 污染中毒　　C. 水氯失衡　　D. 金属聚结

7. 不属于重整主反应的是（　　）。

A. 六元环烷的脱氢芳构　　B. 五元环烷的脱氢芳构

C. 加氢裂化　　D. 异构反应

8. 不属于重整原料预处理工艺的是（　　）。

A. 预分馏　　B. 预裂化　　C. 预加氢　　D. 预脱砷

9. 评定催化剂催化能力的标准是（　　）。

A. 活性　　B. 选择性　　C. 寿命　　D. 稳定性

二、填空题

1. 催化重整的主要目的：一是生产________；二是生产BTX，包括________、________、________，同时副产________。

2. 重整催化剂的核心是________，酸性中心主要由________提供____________，载体为____________。催化剂失活的主要原因是____________。

3. 催化重整原料的选择主要有________、________、________三方面的要求。

4. 芳烃抽提根据________和________在溶液中的溶解度不同，提取相为________。芳烃精馏的目的是将________分离成________。

5. 芳烃抽提溶剂的选择应考虑________、________、________等方面。工业上常用溶剂有________、________。

三、判断题

1. 催化重整过程也有加氢裂化反应。（　）
2. 催化重整化学反应综合起来是吸热反应。（　）
3. 催化重整催化剂是双功能催化剂。（　）
4. 催化剂表面积炭会使铂催化剂暂时性中毒。（　）
5. 在重整过程中，裂化反应也是我们所希望的反应。（　）
6. 催化重整一般以直馏汽油为原料。（　）
7. 铂催化剂是脱氢活性很高的催化剂。（　）
8. 催化重整原料油预处理的目的之一是脱除原料油中的砷。（　）
9. 铂催化剂再生后要经过氯化更新。（　）
10. 提高空速将会降低反应深度。（　）

四、简答题

1. 简述催化重整在石油加工中的作用。
2. 以生产轻质芳烃为目的的催化重整装置由哪几部分构成？各部分有何作用？
3. 重整催化剂为什么要有双重功能？由什么组分来保证实现？
4. 在重整装置中为什么要采用多个反应器串联、中间加热的形式？
5. 简述三个重整反应器中各进行的主要反应及其特点，以及为何有这些特点。

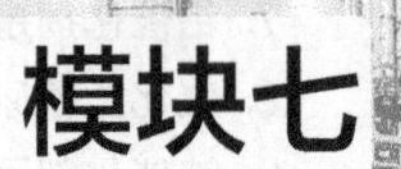

模块七

石油气体的精制与分馏

知识目标

了解产品精制与分馏的目的、方法。
熟悉产品精制与分馏生产原理、工艺流程、操作影响因素分析。

技能目标

能对影响产品精制过程的因素进行分析判断。
能对实际生产过程进行操作和控制。

素质目标

具有执行生产控制标准和安全操作规程的能力。
树立环境保护指标检测意识。

石油气体是指天然气、油田气和炼厂气。

① 天然气和油田气是气体烃的重要来源，天然气是指天然蕴藏于地层中的烃类和非烃类气体的混合物，主要存在于油田气、气田气、煤层气、泥火山气和生物生成气中。它主要由低分子烷烃及微量的环烷烃、芳烃组成，天然气中也含有极少量的硫化氢、硫醇、二氧化碳及其他杂质。

② 炼厂气是石油加工过程中产生的气体烃类，主要产自二次加工过程，如催化裂化、热裂化、延迟焦化、催化重整、加氢裂化等，其气体产率一般占所加工原油的5%～10%。炼厂气是宝贵的原料，其组成包括氢气、C_1～C_4烷烃、C_2～C_4烯烃和少量C_5烃以及H_2S、CO_2等杂质。

炼厂气的加工和利用常被看作石油的第三次加工。石油气体在使用和加工前需经过预处理，即根据加工过程的特点和要求，进行不同程度的脱硫和干燥。石油气体经过预处理后，还要根据工艺过程对气体原料纯度的要求，进行分离得到单体烃或各种气体烃馏分。

单元一　干气脱硫

干气中主要含有C_1、C_2烷烃及少量氢气。干气中存在不同程度的非烃气体，如硫化氢、硫醇等。用这样的含硫气体作为燃料或石油化工原料时会引起设备管线腐蚀、催化剂中毒、大气污染，危害人体健康，并且还会影响产品质量等。因此必须将这些含硫气体进行脱硫后才能使用，气体精制的主要目的即脱硫。

一、干气脱硫方法

干气脱硫方法基本上可分为干法脱硫和湿法脱硫两大类。

1. 干法脱硫

干法脱硫即将气体通过固体吸附剂床层，使硫化物吸附在吸附剂上，以达到脱硫的目的。常用的吸附剂有氧化铁、活性炭、分子筛等，这类方法适用于处理含微量硫化氢的气体，以及需要较高脱硫率的场合。

2. 湿法脱硫

湿法脱硫即用液体吸收剂洗涤气体，以除去气体中的硫化物，然后把吸收了H_2S的溶剂加热，使H_2S从中解吸出来，并进一步加工成硫黄，而回收的吸收剂又返回系统中循环使用。

湿法脱硫的精制效果不如干法脱硫好，但它是连续操作，设备紧凑，处理量大，投资和操作费用低，因而得到了广泛应用。

湿法脱硫又分为化学吸收法、物理吸收法和其他方法，其中化学吸收法目前应用较广。

化学吸收法的特点是使用可以与硫化氢反应的碱性溶液进行化学吸收，溶液中的碱性物和H_2S在常温下结合成络合盐，然后用升温或减压的方法分解络合盐从而释放出H_2S。

化学吸收法所用的吸收剂有两类，一类是醇胺类溶剂（一乙醇胺、二乙醇胺、三乙醇胺、*N*-甲基二乙醇胺等），另一类是碱性盐类（碳酸钾、碳酸钠等）。

二、醇胺法脱硫的工艺流程

我国炼厂干气脱硫装置的吸收剂主要是采用 N-甲基二乙醇胺（MDEA）类溶剂。图 7-1 为醇胺法脱硫的工艺流程，包括吸收和再生两部分。

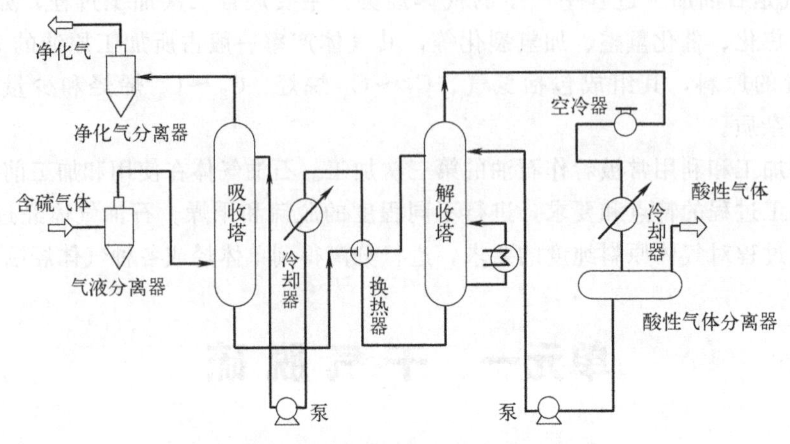

图 7-1　醇胺法脱硫的工艺流程示意图

1. 吸收部分

含硫气体冷却至 40℃以下，并在气液分离器内分出水和杂质后，进入吸收塔的下部与自塔上部引入的温度为 40℃左右的醇胺溶液（贫液）逆向接触，吸收气体中的硫化氢和二氧化碳等。脱硫后的气体自塔顶引出，进入分离器，分出携带的醇胺液后出装置。

2. 溶液再生部分

吸收塔底出来的醇胺溶液（富液）经换热后（100℃左右）进入再生塔（解吸塔）上部，在塔内与下部上升的蒸汽（由塔底重沸器产生）直接接触，将溶液中吸收的大部分气体解吸出来，从塔顶排出。再生后的醇胺溶液从塔底引出，部分进入重沸器被水蒸气加热汽化后返回再生塔，部分经换热、冷却后送到吸收塔上部循环使用。再生塔顶出来的酸性气体经冷凝、冷却、分液后送往硫黄回收装置。

气体脱硫装置所用的吸收塔和解吸塔多为填料塔，液化气脱硫则多用板式塔。

单元二　液化气脱硫醇

液化气中的硫分为无机硫和有机硫。无机硫即硫化氢；有机硫主要为甲硫醇、乙硫醇，还有少量的二甲基二硫、二乙基二硫、甲基乙基二硫、丙硫醇、甲硫醚、羰基硫等。液化气中的硫化物主要是硫醇，占到全部有机硫的 90%以上，而羰基硫和甲硫醚等总共不过 10%。液化气中的硫醇不仅具有恶臭味和弱酸性，而且在一定条件下会对设备产生腐蚀和加速腐蚀，燃烧时会引起环境污染。此外，从液化气中分离出来的 C_3、C_4 烯烃组分作为化工原料时，其中的硫醇易使下游工艺中的催化剂失活。因此，液化气脱硫醇精制势在必行。

一、液化气脱硫醇的方法

工业上常用的脱硫醇方法有：

(1) 氧化法　采用亚铅酸钠、次氯酸钠、氯化铜等作氧化剂，把硫醇氧化为二硫化物。

(2) 催化氧化法　利用含催化剂的碱液抽提，然后在催化剂的作用下，通入空气将硫醇氧化为二硫化物。该法具有投资少、操作简单、运行费用少、脱除硫醇率高、精制油品质量好等优点，得到广泛应用。

(3) 抽提法　利用化学药剂从油品中抽提出硫醇，主要有加助溶剂法（用氢氧化钠和甲醇抽提汽油中的硫醇和氮化物）、亚铁氰化物法（利用含亚铁氰化物的碱液抽提硫醇）等。

(4) 吸附法　利用分子筛的吸附性脱除硫醇，同时还可起到脱水的作用。

目前我国对液化气的精制广泛采用催化剂磺化酞菁钴或聚酞菁钴于碱液（NaOH）中脱除硫醇。

二、液化气脱硫醇的工艺流程

由于存在于液化气中的硫醇分子量较小，易溶于碱液中，因此液化气脱硫醇一般采用液-液抽提法，工艺流程比汽油、煤油脱硫醇简单，而且脱硫率很高。图 7-2 为液化气脱硫醇的工艺流程，包括抽提、氧化和分离三部分。

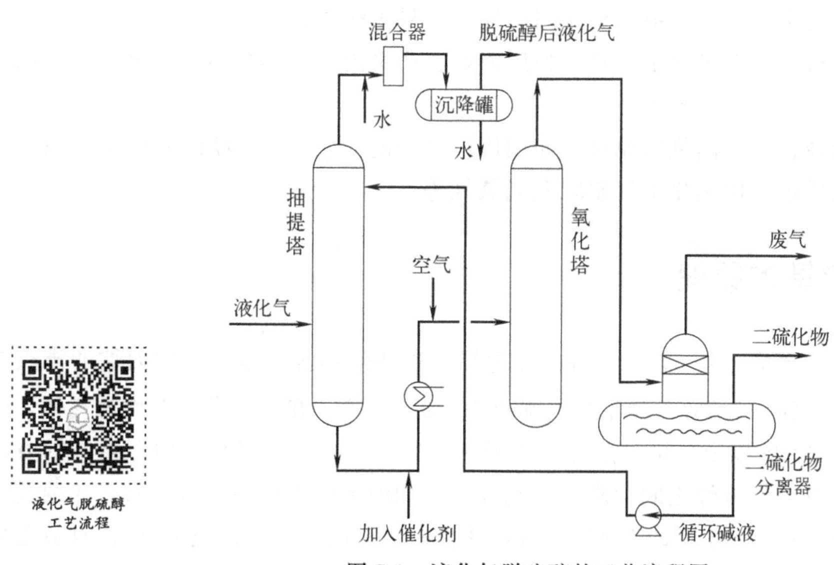

图 7-2　液化气脱硫醇的工艺流程图

(1) 抽提　经碱或乙醇胺洗涤脱除硫化氢后的液化气进入抽提塔下部，在塔内与带催化剂的碱液逆流接触，在小于 40℃和 1.37MPa 的条件下，硫醇被碱液抽提。脱去硫醇后的液化气与新鲜水在混合器中混合，洗去残存的碱液并至沉降罐与水分离后出装置。所用碱液的含碱量一般为 10%～15%（质量分数），催化剂在碱液中的含量为 100～200μg/g。

(2) 氧化　从抽提塔底出来的碱液，经加热器被蒸汽加热到 65℃左右，与一定比例的空气混合后，进入氧化塔的下部。此塔为填料塔，在 0.6MPa 压力下操作，将硫醇钠盐氧化为二硫化物。

（3）分离　氧化后的气液混合物进入分离器的分离柱中部，气体通过上部的破沫网除去雾滴，由废气管去火炬。液体在分离器中分为两相，上层为二硫化物，用泵定期送出，下层的再生液用泵抽出送往抽提塔循环使用。

单元三　气体分馏

干气一般作为燃料无需分离，当液化气用作烷基化、叠合或石油化工原料时，则应进行分离，从中得到适宜的单体烃或馏分。目前国内外对炼厂气的加工大致有如下几种。

（1）生产高辛烷值的汽油　这是炼厂气最主要的一个消化途径。

① 利用炼厂气中所含的 C_4 组分包括异丁烷和丁烯进行烷基化反应生产汽油。

② 利用炼厂气中的丙烯、丁烯经选择性或非选择性叠合生产叠合汽油。

③ 利用炼厂气中的异丁烯和甲醇醚化生产汽油添加剂 MTBE。在各国汽油组成特别是无铅优质汽油的组成中，这些高辛烷值汽油组分占有相当大的比例。

（2）生产油品添加剂　例如利用异丁烯聚合所得聚异丁烯生产硫代磷酸盐和无灰添加剂；聚烯烃与苯酚烷基化制取烷基酚盐添加剂；乙烯与丙烯共聚或者异丁烯聚合生产黏度添加剂等。

（3）生产溶剂　如用炼厂气分离得到的丙烯和苯烃化生成异丙苯，再进一步将异丙苯氧化制取苯酚和丙酮；利用丁烯生产甲乙酮，用丙烯生产异丙醇等。

（4）生产高分子材料和有机化工原料　如用丙烯生产聚丙烯、丙烯腈、环氧丙烷；用丁烯氧化脱氢制丁二烯生产顺丁橡胶等。

（5）作为生产烯烃、氨或制氢的原料　如用炼厂气中的 C_2～C_4 烷烃作为烃裂解原料生产乙烯、丙烯等低级烯烃，用焦化干气制取氨或氢气等。

一、气体分馏的基本原理

炼厂液化气中的主要成分是 C_3、C_4 烷烃和烯烃，这些烃的沸点很低，如丙烷的沸点是 −42.1℃，丁烷的沸点为 −0.5℃，异丁烯的沸点为 −6.9℃等，在常温常压下均为气体，但在一定的压力下（2.0MPa 以上）可呈液态。由于它们的沸点不同，可利用加压精馏的方法将其进行分离。由于各个气体烃之间的沸点差别很小，如丙烯的沸点为 −47.4℃，比丙烷低 5.3℃，所以要将它们单独分出，就必须采用塔板数很多（一般几十，甚至上百），且分馏精确度较高的精馏塔。

二、气体分馏的工艺流程

气体分馏技术是一种成熟的炼厂气加工技术，通常气体分馏流程有三塔、四塔和五塔之分，这取决于原料的组成及分馏所得产品的用途。国内大型炼厂的气分装置大多采用五塔流程，即脱丙烷塔、脱乙烷塔、脱丙烯塔、脱碳四塔、脱戊烷塔。但对于加工规模较小、加工手段单一、产品简单的中小炼厂，因无下游深加工装置，如烷基化装置、异丁烯装置等，所以这类炼厂的气分装置主要产品为丙烯，即采用由脱丙烷塔、脱乙烷塔、脱丙烯塔组成的三塔流程。

气体分馏的工艺流程是一个典型的多组分精馏过程，其精馏塔的个数根据生产需要确定。一般地讲，如要将气体分离为 n 个单体烃或馏分，则需要精馏塔的个数为 $n-1$。现以五塔为例来说明气体分馏的工艺流程（图 7-3）。

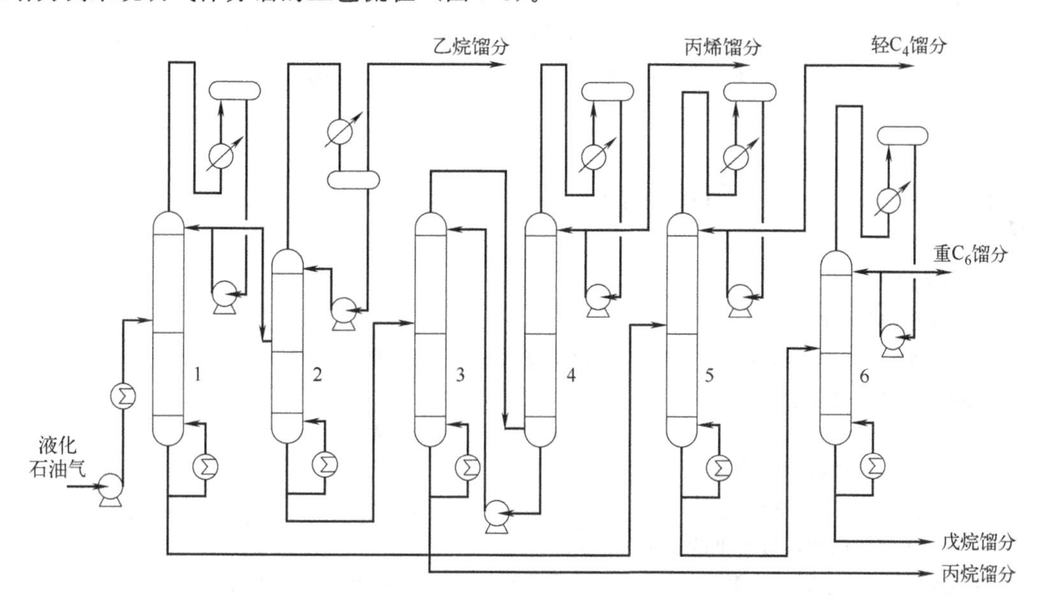

图 7-3　气体分馏的工艺原理流程图

1—脱丙烷塔；2—脱乙烷塔；3—脱丙烯塔（下段）；4—脱丙烯塔（上段）；5—脱碳四塔；6—脱戊烷塔

经脱硫后的液化气用泵打入脱丙烷塔，在一定的压力下分离成 C_2～C_3 和 C_4～C_5 两个馏分。自脱丙烷塔塔顶引出的 C_2～C_3，馏分经冷凝冷却后，部分作为脱丙烷塔塔顶的冷回流，其余进入脱乙烷塔，在一定的压力下进行分离，塔顶分出乙烷馏分，塔底为丙烷-丙烯馏分。将丙烷-丙烯馏分送入脱丙烯塔，在一定的压力下进行分离，塔顶分出丙烯馏分，塔底为丙烷。从脱丙烷塔塔底出来的 C_4～C_5 馏分进入脱异丁烷塔进行分离，塔顶分出轻 C_4 馏分，其主要成分是异丁烷、异丁烯、1-丁烯等，塔底为脱异丁烷馏分。脱异丁烷馏分在脱戊烷塔中进行分离，塔顶为重 C_4 馏分，主要为 2-丁烯和正丁烷，塔底为戊烷馏分。

液化气经气体分馏装置分出的各个单体烃或馏分，可根据实际需要作为不同加工过程的原料。如丙烯可以生产聚合级丙烯或作为叠合装置原料等，轻 C_4 馏分可先作为甲基叔丁基醚装置的原料，然后再与重 C_4 馏分一起作为烷基化装置原料。戊烷馏分可掺入车用汽油等。

读一读　液化石油气中的硫化物

液化石油气（LPG）的主要组成为丙烷、丙烯、丁烷和丁烯，同时包含少量的甲烷、乙烷、乙烯、戊烷以及 1,3-丁二烯等其他烃类化合物。LPG 热值高且易于储存，因此可作为高效的清洁燃料。LPG 分离后可得到高纯度的丙烷、丙烯、异丁烷、1-丁烯以及异丁烯等重要的基础化工原料，可用来生产乙烯、聚丙烯、烷基化油、聚丁烯以及甲基叔丁基醚等高附加值产品，因此世界各国对 LPG 的需求量巨大。

LPG 中含有一定量的硫化物，主要包括硫化氢（H_2S）、羰基硫、甲硫醇、乙硫醇以及硫醚，其中 H_2S 的含量最高，占总硫质量分数的 90% 以上。脱除 H_2S 后，有机硫中硫醇的含量最高。随着国内外原油不断重质化、劣质化，原油硫含量也不断增加，因此由催化裂化装置和延迟焦化装置生产的 LPG 中硫化物含量也不断增加。H_2S 有剧毒，硫醇具有恶臭性气味，同时硫化物会对装置设备造成腐蚀，并易造成下游工艺中的催化剂失活。LPG 在燃烧过程中，若其中硫化物含量过高会产生大量的 SO_x，危害生态环境。因此在 LPG 作为最终产品或作为原料进入下一装置进行加工生产前都必须脱除其中的硫化物。

自测习题

一、选择题

1. 干气主要硫化物包括（　　）。

A. 二硫化物　　B. 硫醚　　C. 硫化氢　　D. 噻吩

2. 液化气主要硫化物包括（　　）。

A. 硫醇　　B. 硫醚　　C. 硫化氢　　D. 噻吩

3. 不属于干法脱硫吸附剂的是（　　）。

A. 氧化铁　　B. 活性炭　　C. 三乙醇胺　　D. 分子筛

4. 不属于干气脱硫化学吸收剂的是（　　）。

A. 氧化铁　　B. 二乙醇胺　　C. 三乙醇胺　　D. N-甲基二乙醇胺

5. 在装置的运行过程中，原料中不易脱除的物质是（　　）。

A. 硫醇　　B. 硫醚　　C. 硫化氢　　D. 噻吩

二、填空题

1. 气体预处理是指对石油气体进行________、________，为烷基化、异构化等过程提供合格的原料。

2. 石油气体是指________、________和________。

3. 天然气中也含有极少量的________、________、________及其他杂质。

4. 液化气脱硫醇的工艺流程包括________、________和________三部分。

5. 炼厂气是宝贵的原料，其组成包括________、________、________和少量 C_5 烃以及 H_2S、CO_2 等杂质。

三、判断题

1. 炼厂气的加工和利用常被看作石油的第三次加工。（　　）

2. 液化气中的硫化物主要是硫醇。（　　）

3. 炼厂液化气中的主要成分是 C_3、C_4 烷烃和烯烃。（　　）

4. 炼厂干气中的主要成分是 C_3、C_4 烷烃和烯烃。（　　）

5. 干气中存在不同程度的非烃气体，如硫化氢、硫醇等。（　　）

四、简答题

1. 石油气体预处理的目的是什么？

2. 气体分馏基本原理是什么？

3. 工业上常用的液化气脱硫醇的方法有哪些？有什么特点？

4. 简述醇胺法脱硫的工艺流程。

5. 干法脱硫与湿法脱硫的优缺点是什么？

模块八

高辛烷值组分的生产

知识目标

了解烷基化、叠合、MTBE、异构化工艺加工原理及工艺流程。
掌握烷基化、叠合、MTBE、异构化工艺的特点。

技能目标

能根据炼厂气组成和性质合理选择气体加工利用方式。
能够根据生产需求，对实际生产过程进行操作与控制。

素质目标

掌握石油加工知识，了解石油加工技术的运用。
提高法律法规认识，具备健全的社会实践能力。

石油气体的合理利用对充分利用石油资源、促进国民经济的发展具有重要的意义，同时也直接影响炼油厂的经济效益，石油气体的利用途径主要是生产石油化工产品、高辛烷值汽油组分或直接用作燃料等。

单元一　烷基化工艺

一、烷基化反应原理

烷基化是指以异丁烷和丁烯为原料，在一定的温度和压力下（一般是8～12℃，0.3～0.8MPa），用浓硫酸或氢氟酸作为催化剂，异丁烷和丁烯发生加成反应生成异辛烷。

利用烷基化工艺可以生产高辛烷值汽油组分——烷基化油，因为其主要成分是异辛烷，所以又叫做工业异辛烷，不仅辛烷值高，敏感性小，而且具有理想的挥发性和清洁的燃烧性，是航空汽油和车用汽油的理想调和组分。

烷基化的原料并非纯的异丁烷和丁烯，而是异丁烷-丁烯馏分。因此反应原料和生成的产物都比较复杂。

① 烷基化的主要反应是异丁烷和各种烯烃的加成反应，例如：

$$\underset{\text{异丁烷}}{\mathrm{C{-}\overset{\overset{C}{|}}{C}{-}C}} + \underset{\text{1-丁烯}}{\mathrm{C{-}C{-}C{=}C}} \xrightarrow[\text{或氢氟酸}]{\text{硫酸}} \underset{\text{2,3-二甲基己烷}}{\mathrm{C{-}\overset{\overset{C}{|}}{C}{-}\overset{\overset{C}{|}}{C}{-}C{-}C{-}C}}$$

$$\underset{\text{异丁烷}}{\mathrm{C{-}\overset{\overset{C}{|}}{C}{-}C}} + \underset{\text{异丁烯}}{\mathrm{C{-}\overset{\overset{C}{|}}{C}{=}C}} \xrightarrow[\text{或氢氟酸}]{\text{硫酸}} \underset{\text{异辛烷}}{\mathrm{C{-}\underset{\underset{C}{|}}{\overset{\overset{C}{|}}{C}}{-}C{-}\overset{\overset{C}{|}}{C}{-}C}}$$

② 异丁烷-丁烯馏分中还可能含有少量的丙烯和戊烯，也可以与异丁烷反应。

③ 原料和产品还可以发生分解、叠合、氢转移等副反应，生成低沸点和高沸点的副产物以及酯类与酸油等。

④ 烷基化油是由异辛烷与其他烃类组成的复杂混合物，如果将此混合物进行分离，沸点范围在50～180℃的馏分叫做轻烷基化油，其马达法辛烷值在90以上。沸点范围在180～300℃的馏分叫做重烷基化油，可作为柴油组分。

二、烷基化反应工艺流程

（一）烷基化催化剂

催化烷基化反应所使用的催化剂有无水氯化铝、硫酸、氢氟酸、磷酸、硅酸铝、氟化硼以及泡沸石、氧化铝-铂等催化剂。目前工业上广泛应用的烷基化催化剂有三种，即无水氯化铝、硫酸和氢氟酸。

近年来氢氟酸催化剂的应用受到重视，因为使用氢氟酸催化剂时，反应的温度可以接近常温，制冷的问题比较简单，催化剂活性高、易回收、稳定、不腐蚀设备，设备可以用普通碳钢制造等。但是由于氢氟酸不易得到，而且有毒，因此应用受到了一定的限制。硫酸和氢氟酸两种催化剂各有利弊，从安全和保护环境的角度考虑，它们都不是理想的催化剂。

（二）氢氟酸法烷基化工艺流程

烷基化装置一般由原料的预处理、预分馏、反应系统、分离催化剂、产品中和、产品分馏、废催化剂处理、压缩冷冻几部分组成。氢氟酸法烷基化工艺流程如图 8-1 所示，主要包括原料脱水、反应、产物分馏和酸再生四个部分。

1. 原料脱水部分

新鲜原料（异丁烷和混合烯烃）进装置后，用泵升压送往装有活性氧化铝的干燥器，使含水量小于 20μg/g。干燥器有两台，一台干燥，一台再生，轮换操作。干燥条件为 40℃、1.53MPa。

2. 反应部分

干燥后的原料与来自主分馏塔的循环异丁烷在管道内混合后经高效喷嘴分散在反应管的酸相中，烷基化反应即在垂直上升的提升管反应器内进行，反应温度为 30～40℃，反应压力为 0.8～1.0MPa，酸烃体积比为 5.2∶1，异丁烷与丁烯的摩尔比为 15.5∶1，酸耗量为烷基化油 0.47kg。反应后的物料进入酸沉降罐，依靠密度差进行分离，酸积聚在罐底，利用温差进入酸冷却器除去反应热后，又进入反应管循环使用，纯度为 90%～92%（质量分数）。沉降罐上部的烃相经过三层筛板，除去有机氟化物后，与来自主分馏塔塔顶回流罐酸包的酸混合，再用泵送入酸喷射混合器，与由酸再接触器抽入的大量氢氟酸相混合，然后进入酸再接触器。在此，酸和烃充分接触后，使副反应生成的有机氟化物重新分解为氢氟酸和烯烃，烯烃再与异丁烷反应生成烷基化油。因此可将酸再接触器视为一个辅助反应器，可使酸耗减少。

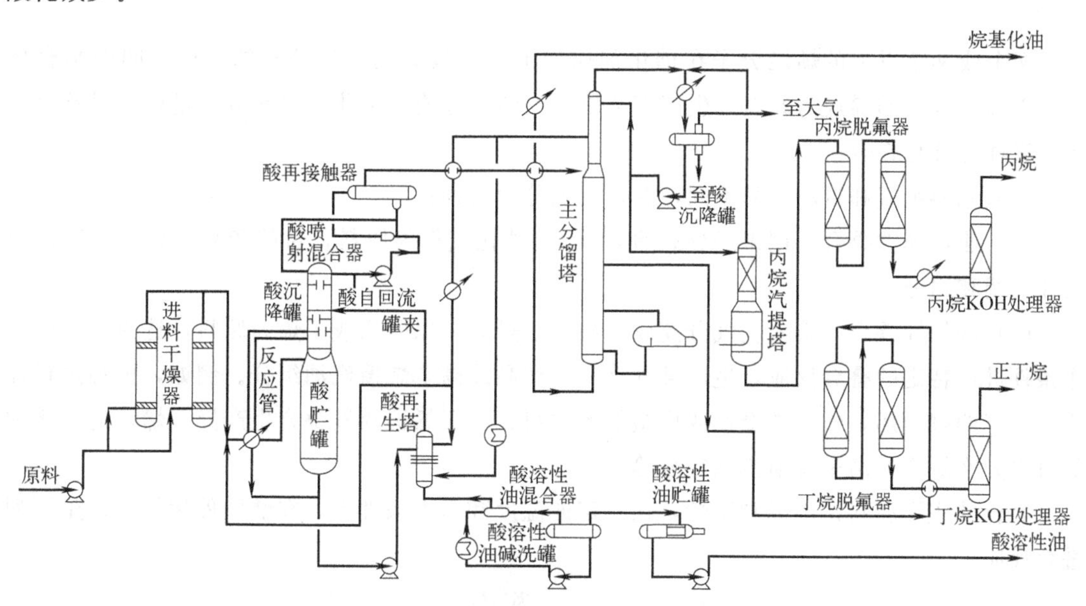

图 8-1　菲利普斯氢氟酸烷基化工艺流程图

3. 产物分馏部分

自酸再接触器出来的反应产物经换热后进入主分馏塔，塔顶馏出物为丙烷并带有少量酸，经冷凝冷却后进入回流罐，部分丙烷作为塔顶回流，温度约为40℃，部分丙烷进入丙烷汽提塔。酸与丙烷的共沸物自汽提塔塔顶出去，经冷凝冷却后返回主分馏塔顶回流罐，塔底丙烷送至丙烷脱氟器脱除有机氟化物，再经碱（KOH）处理脱除微量的氢氟酸后送出装置。

循环异丁烷从主分馏塔的上部侧线液相抽出，温度为96～99℃，纯度大于85%（体积分数），经与塔进料换热、冷却后返回反应系统。正丁烷从塔下部侧线气相抽出，经脱氟和碱处理后送出装置。塔底为烷基化油，经换热、冷却后出装置。

4. 酸再生部分

为了使循环酸的浓度保持在一定水平，必须脱除循环酸在操作过程中逐渐积累的酸溶性油和水分，即需要进行酸再生。再生酸量为循环酸量的0.12%～0.13%（体积分数），从酸冷却器来的待生氢氟酸加热气化后进入酸再生塔，塔底用过热异丁烷蒸气气提，塔顶用循环异丁烷打回流。气提出的氢氟酸和异丁烷从塔顶出去，进入酸沉降罐的烃相被冷凝，塔底的酸溶性油和水一般含氢氟酸2%～3%，可定期排入酸溶性油碱洗罐，用5%浓度的碱进行碱洗，以中和除去残余的氢氟酸。碱洗后的酸溶性油从碱洗罐上部溢流至贮罐，定期用泵送出装置。

单元二 叠合工艺

一、叠合过程的反应原理

两个或两个以上的烯烃分子在催化剂作用下生成较大的烯烃分子的反应，叫做叠合反应。以炼厂气中的烯烃为原料，生产高辛烷值汽油组分或石油化工原料等的过程叫做叠合工艺，又称为催化叠合。

按照原料组成和目的产品不同，叠合工艺分为两种：

（1）非选择性叠合　用未经分离的C_3～C_4液化气作为原料，目的产品主要是高辛烷值汽油的调和组分。

（2）选择性叠合　将液化气分离成丙烯、丁烯等，以丙烯或丁烯为原料，选择适宜的操作条件进行特定的叠合反应，生产某种特定的产品或高辛烷值汽油组分。例如，丙烯选择性叠合生产四聚丙烯，作为洗涤剂或增塑剂的原料；异丁烯选择性叠合生产异辛烯，进一步加氢可得异辛烷作为高辛烷值汽油组分等。

叠合的主要原料是丙烯和丁烯，在一定的温度和压力条件下，在酸性催化剂上发生下列叠合反应：

$$C_3H_6 + C_3H_6 \xrightarrow{催化剂} C_6H_{12}$$

$$C_4H_8 + C_4H_8 \xrightarrow{\text{催化剂}} C_8H_{16}$$

烯烃的叠合是一个放热反应，例如异丁烯叠合放出的反应热为1240kJ/kg。叠合反应生成的二聚物还能继续叠合成为高聚物。在生产叠合汽油时，希望只得到二聚物和三聚物，不希望有过多的高聚物产生，因此要适当控制反应条件。

在叠合过程中，除叠合反应之外，还会有异构化、环化、脱氢、加氢、分解（即高聚物的解叠）等反应发生，因此叠合产物的组成是比较复杂的。

二、叠合工艺流程

目前广泛应用的烯烃叠合催化剂为磷酸催化剂，包括载在硅藻土上的磷酸、载在活性炭上的磷酸、浸泡过磷酸的石英砂、载在硅藻土上的磷酸和焦磷酸铜等。

磷酸酐在水合时能够形成一系列的磷酸，有正磷酸（H_3PO_4）、焦磷酸（$H_4P_2O_7$）和偏磷酸（HPO_3）。在烯烃的叠合反应过程中，主要是正磷酸和焦磷酸具有催化活性，而偏磷酸没有催化活性，且容易挥发损失。我国研发的硅铝小球催化剂，其活性、稳定性、强度、寿命等都有了较大的提高，叠合反应条件也变得缓和，目前较多地使用在选择性叠合工艺中。

叠合过程的工艺流程如图8-2所示。叠合原料是经过乙醇胺脱硫、碱洗和水洗后的液态烃（液化石油气），经压缩机升压至反应所需压力，与叠合产物换热，并加热升温到反应温度后进入反应器，在190～220℃和3～5MPa的条件下进行叠合反应。叠合反应器为列管式固定床反应器，管内装有催化剂。在反应过程中，软化水走壳程，取走反应热并产生水蒸气，用壳程水蒸气的压力可以控制反应温度，也可以分段注入冷原料气来控制反应温度。

反应后的油气从反应器底部出来，用过滤器除去油气带出的催化剂粉末，并与叠合原料换热后进入稳定塔。从塔顶分出C_3、C_4等轻质组分，从塔底抽出稳定后的叠合产物，接着进入再蒸馏塔，塔顶得到叠合汽油，塔底分出少量的重叠合产物。

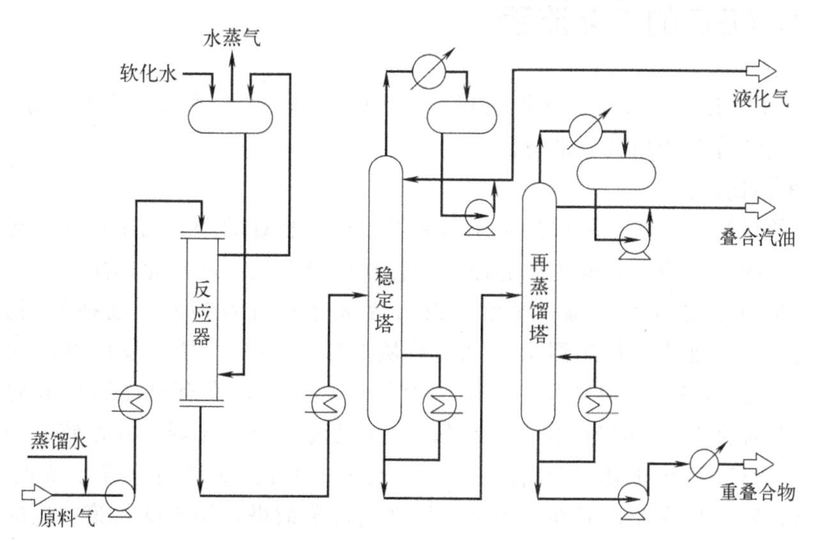

图8-2　叠合过程的工艺流程

单元三 甲基叔丁基醚工艺

一、合成 MTBE 的基本原理

甲基叔丁基醚（MTBE）是一种无色、透明、高辛烷值的液体，具有醚样气味，是生产无铅、高辛烷值、含氧汽油的理想组分，作为汽油添加剂已在世界范围内普遍使用。

目前工业合成 MTBE 的生产工艺得到了较快的发展。发展 MTBE 并不是最好的选择，由于 MTBE 污染地下水，欧盟和美国已相继推出法规限制其使用，正积极开发更好的替代品。未来，新能源汽车对传统油品的替代作用将愈加明显，对 MTBE 的消费需求也将会受到巨大的冲击。

甲基叔丁基醚生产工艺的主要原料是炼厂气中的异丁烯和甲醇，处于液相状态的异丁烯与甲醇在催化剂作用下生成 MTBE，其反应式为：

$$\underset{CH_3}{\overset{CH_3}{|}}\!\!\!\!\!\!\!\!\overset{\overset{CH_3}{|}}{\underset{|}{C}}\!\!=\!CH_2 + CH_3OH \xrightarrow{催化剂} CH_3-O-\underset{\underset{CH_3}{|}}{\overset{\overset{CH_3}{|}}{C}}-CH_3$$

此反应为可逆的放热反应。反应温度越高，则反应速率越快。反应温度越低，平衡常数越高，平衡转化率也越高。在合成 MTBE 的同时，还有一些副反应发生，如异丁烯与原料中的水反应生成叔丁醇，甲醇脱水缩合生成二甲醚，异丁烯聚合生成二聚物或三聚物等，生成的这些副产物会影响产品的纯度和质量，因此要控制合适的反应条件，减少副反应的发生。

合成 MTBE 的装置所用的催化剂为大孔磺酸阳离子交换树脂（或叫做强酸离子交换树脂）。为了保护催化剂要求降低进料中的金属阳离子含量（小于 1μg/g），同时要求原料中不含碱性物质和游离水。

二、合成 MTBE 的工艺流程

以炼油型 MTBE 工业装置为例说明其工艺流程，如图 8-3 所示。该流程分为两个部分：原料净化和反应部分及产品分离部分。

1. 原料净化和反应

原料净化的目的是除去原料中的金属阳离子。国内装置的净化剂采用与醚化催化剂相同型号的离子交换树脂。净化器除主要起原料净化作用外，还可起一定的醚化反应作用，所以净化器实际上是净化-醚化反应器。装置中设两台净化-醚化反应器，切换使用。C_4 馏分和甲醇按比例混合，经加热器加热到 40～50℃后从上部进入净化-醚化反应器，反应压力一般为 1～1.5MPa。由于醚化为放热反应，为了控制反应温度，设有打冷循环液的设施。由于该装置要求异丁烯的转化深度为 90%～92%，因此只设一个反应器，并在较低的温度（40～45℃）下操作，甲醇和异丁烯的摩尔比为（1～1.05）∶1。如果要求异丁烯的转化率大于 92%，则需增设第二反应器，并在两个反应器之间设蒸馏塔，用来除去第一反应器出口物料中的 MTBE，以减少第二反应器中逆反应的发生，有利于提高异丁烯的转化率。

2. 产品分离

从醚化反应器出来的反应物料中含有未反应的 C_4 馏分、剩余甲醇、MTBE 以及少量的副反应产物，需进行分离。由于甲醇在水中的溶解度大，在一定的条件下能与 C_4 馏分或 MTBE 形成共沸物，以及反应时醇烯比的不同，因而有以下两种分离流程。

（1）前水洗流程　反应产物先经甲醇水洗塔除去甲醇，然后再经分馏塔分出 C_4 馏分和 MTBE，从甲醇水洗塔底出来的甲醇水溶液送往甲醇回收塔进行甲醇与水的分离。

（2）后水洗流程　图 8-3 即为后水洗流程。反应流出物先经 C_4 分馏塔进行 MTBE 与甲醇、C_4 馏分共沸物的分离，塔底为 MTBE 产品。塔顶出来的甲醇与 C_4 馏分共沸物进入水洗塔，用水抽提出甲醇以实现甲醇与 C_4 馏分的分离。从水洗塔底出来的甲醇水溶液进入甲醇回收塔，塔顶出来的甲醇送往反应部分再使用，从塔底出来的含微量甲醇的水大部分送往水洗塔循环使用，少部分排出装置以免水中所含的甲醇累积。当装置采用的醇烯比不大（为 1.0～1.05）时，反应流出物中的残余甲醇在一定的压力下可全部与未反应的 C_4 馏分形成共沸物，可采用后水洗分离流程。

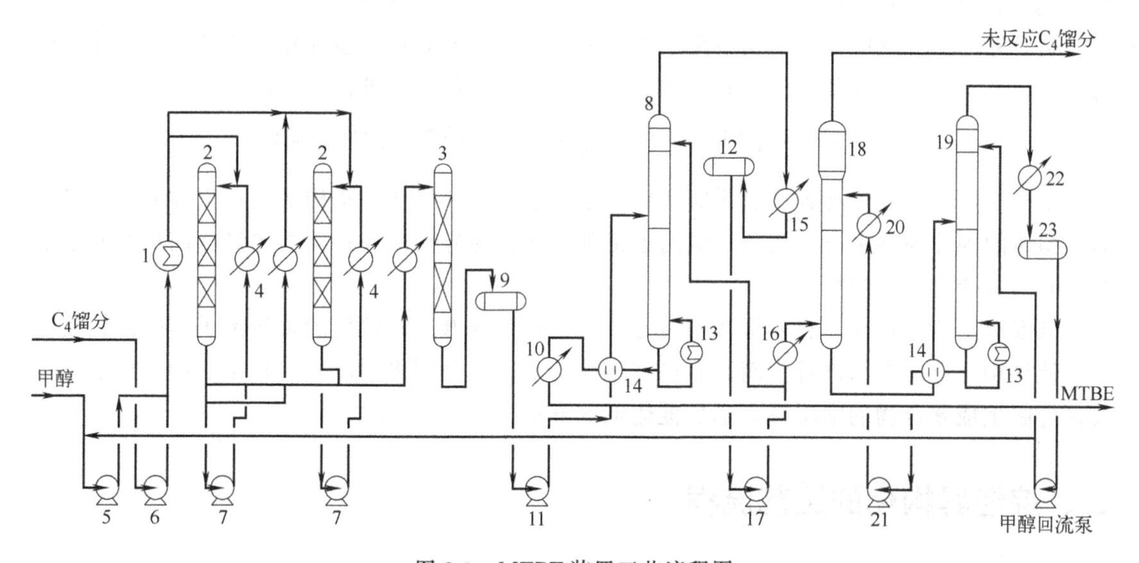

图 8-3　MTBE 装置工艺流程图

1—进料加热器；2—净化-醚化反应器；3—醚化反应器；4、10、16、20、22—冷却器；5、6、11、17—甲醇、原料、分离部分、回流进料泵；7— 循环泵；8—C_4 分馏塔；9—缓冲罐；12、23—回流罐；13—再沸器；14—换热器；15—冷凝器；18—水洗塔；19—甲醇回收塔；21—水泵

从上述流程中得到的 MTBE 产品，MTBE 的含量大于 98%，研究法辛烷值为 117，马达法辛烷值为 101。

单元四　异　构　化

一、烷烃异构化的反应原理

异构化过程是在一定的反应条件和催化剂存在下，将正构烷烃转变为异构烷烃。其用途为：

① 目前工业上的异构化工艺主要以 C_5、C_6 组分为原料。C_5、C_6 异构烷烃的抗爆性能好、辛烷值高，是高辛烷值汽油的调和组分。

② 正丁烷可通过异构化得到异丁烷，然后作为烷基化过程的原料制造异辛烷。

③ 正丁烯可以异构化得到异丁烯，然后作为醚化过程的原料。

1. 异构化催化反应

烷烃的异构反应是可逆反应，温度越低对生成异构烷烃越有利。异构烷烃比相应直链烷烃的沸点低、易挥发，会导致调和汽油的饱和蒸气压偏高，在调和过程中应控制调入比例。反应式如下：

$$CH_3CH_2CH_2CH_2CH_3 \rightleftharpoons (CH_3)_2CHCH_2CH_3$$

2. 异构化催化剂

目前在 C_5、C_6 异构化工业装置上应用的催化剂有三类：硫化的金属氧化物（固体超强酸）、氯化氧化铝和沸石催化剂。

烷烃异构化的反应可以用正碳离子机理来解释。高温双功能型催化剂的烷烃异构化反应由所载金属组分的加氢脱氢活性和担体的固体酸性协同作用，进行以下反应：

$$\text{正构烷烃} \underset{\text{金属}}{\rightleftharpoons} \text{正构烯烃} \underset{\text{酸性中心}}{\rightleftharpoons} \text{异构烯烃} \underset{\text{金属}}{\rightleftharpoons} \text{异构烷烃}$$

正构烷烃首先靠近具有加氢脱氢活性的金属组分，脱氢变为正构烯烃；生成的正构烯烃移向担体的固体酸性中心，按照正碳离子机理异构化为异构烯烃；异构烯烃返回加氢脱氢活性中心加氢变为异构烷烃。

低温双功能催化剂具有非常强的酸性中心，可以夺取正构烷烃的负氢离子而生成正碳离子，使异构化反应得以进行。而具有加氢活性的金属组分则将副反应过程中的中间体加氢除去，抑制生成聚合物的副反应，延长催化剂的寿命。

二、烷烃异构化的工艺流程

C_5、C_6 异构化工艺就是使直链的烷烃发生重排生成支链烷烃，将其辛烷值提高。烷烃异构化工艺种类很多，按氢气有无参与反应来分，可分为临氢异构化和非临氢异构化两种；按催化剂来分，可分为低温型、中温型及超强酸型；按加工流程（对产品辛烷值要求来分），可分为一次通过、脱异戊烷塔＋一次通过、部分循环、全循环流程等。

低温有利于异构化反应的进行，但是，即使温度降到 200℃左右，平衡混合物中正构烷烃仍有相当浓度，这表明除非将未转化的正构烷烃分出并进行循环异构化，否则不可能把正构烷烃完全异构化。

① 一次通过型流程是指所有正构烷烃一次性通过反应器。

② 循环型流程是指未反应的正构烷烃经过后续工艺分离后，重新循环回反应器继续反应，或直至完全异构化。由于异构化是可逆反应，在实际工业反应条件下平衡转化率通常不太高，为了提高正构烷烃的总转化率，循环型流程就成了异构化工艺通常采用的类型。

UOP 公司的 Penex/DIH/PentanePSA 异构化工艺流程如图 8-4。此流程除采用两个反应器以控制温度外，基本与加氢精制的流程相同。原料与氢气混合加热后进入两个串联的反应器。

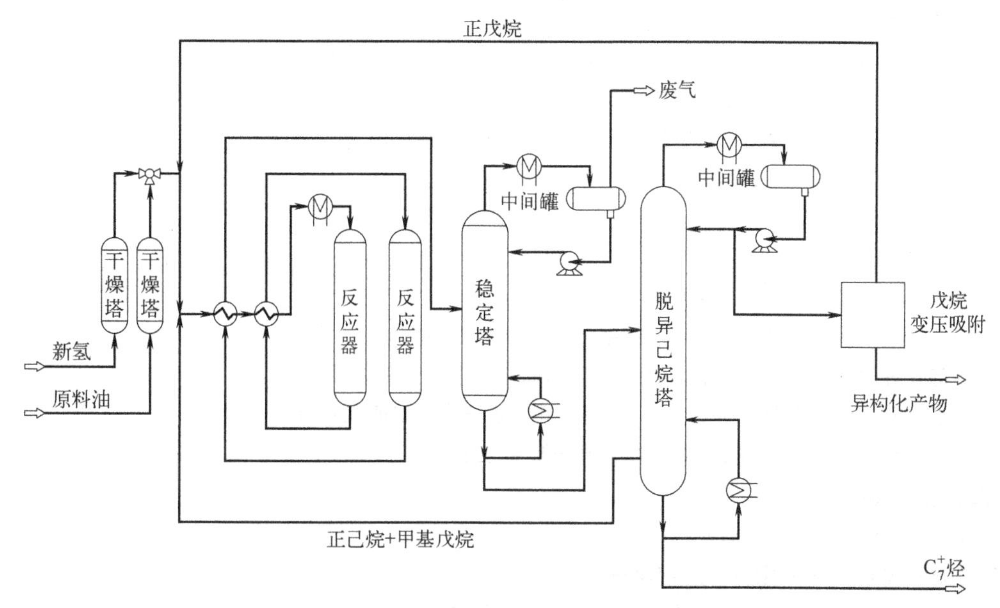

图 8-4　UOP 公司的 Penex/DIH/PentanePSA 异构化工艺流程图

读一读　高辛烷值汽油组分生产进展

面对全面推广车用乙醇汽油以及国Ⅵ汽油标准中对氧含量严格限定的现状，MTBE 等醚化工艺装置面临着停产、改造的挑战，而烷基化技术、异构化技术、叠合技术等高辛烷值汽油调和组分合成技术将得到大力支持与发展。提高高辛烷值组分在汽油中的占比，是我国车用汽油清洁化的根本举措。

随着国家全面推广使用车用乙醇汽油，从分子炼油的角度出发，调整汽油的组成结构，使车用汽油保证辛烷值的同时，不增加汽油中有机含氧化合物含量，满足我国的国Ⅵ汽油标准要求，是国Ⅵ标准汽油质量升级的必由之路。

自测习题

一、选择题

1. 目前广泛应用的烯烃叠合催化剂为（　　）。

A. 磷酸催化剂　　B. 分子筛催化剂　　C. 铂催化剂　　D. 氢氟酸

2. 异丁烷和烯烃的化学加成反应叫（　　）。

A. 异构化　　B. 烷基化　　C. 叠合　　D. 醚化

3. 不属于高辛烷值汽油调和组分的是（　　）。

A. 异构化油　　B. 烷基化油　　C. 叠合油　　D. 裂化汽油

4. （　　）是理想的清洁燃料。

A. 异构化油　　B. 烷基化汽油　　C. 叠合汽油　　D. 甲基叔丁基醚油

5. 异丁烯与甲醇在催化剂作用下生成 MTBE 的反应是（　　）。

A. 吸热反应　　B. 放热反应　　C. 异构反应　　D. 加氢反应

二、填空题

1. 烷基化是指________与________的反应，催化剂常用________和________。
2. 叠合原料为________，根据目的和产品不同叠合工艺分为________和________两种。
3. 目前在 C_5、C_6 异构化工业装置上应用的催化剂有三类：________、________和________。
4. MTBE 工业装置流程分为两个部分：____________、____________部分。
5. 叠合原料是经过____________、____________和水洗的液态烃。

三、判断题

1. 汽油的辛烷值越低，则抗爆性能越好。（　　）
2. 烷基化油、异构化汽油和醚类含氧化合物不含硫烯烃和芳烃。（　　）
3. 烷基化油具有更高的辛烷值，因而是清洁汽油最理想的高辛烷值组分。（　　）
4. 工业异构化过程主要采用 C_5、C_6 烷烃为原料生产高辛烷值汽油组分。（　　）
5. 催化裂化是炼油厂提高轻质馏分辛烷值的重要方法。（　　）

四、简答题

1. 高辛烷值汽油组分有哪些?
2. 生产高辛烷值汽油组分的原料有哪些?
3. 简述烷基化、异构化、醚化的原料、催化剂、反应机理。
4. 写出一个烷基化的化学反应式。
5. 烷基化与异构化生产的目的是什么?

模块九
燃料油品的精制与调和

知识目标

了解燃料油精制的目的、方法。
掌握燃料油的生产原理、工艺流程、操作影响因素分析、产品组成要求。

技能目标

能够根据生产过程的影响因素分析，对燃料油精制过程进行控制与操作。
能够根据油品调和原理及方法，初步对汽油进行调和。

素质目标

树立生态平衡、可持续发展观。
了解石油加工清洁生产技术。

石油经过一次加工、二次加工后得到的汽油、喷气燃料、煤油和柴油等燃料的性能不能全面满足产品的规格要求，所以这种半成品往往不能直接作为商品使用，而需要进一步加工。将各种加工过程所得的半成品加工成为石油商品，一般需要通过精制和油品调和两个过程。

将半成品中的某些杂质或不理想的成分除掉，以改善油品质量的加工过程称为精制过程。在燃料生产过程中应用的精制过程如表 9-1 所示。

表 9-1　常见的几种精制过程

过程		主要原理
化学精制		使用化学药剂，如硫酸、氢氧化钠等，与油品中的一些杂质，如硫化合物、氮化合物、胶质、沥青质、烯烃和二烯烃等发生化学反应，将这些杂质除去以改善油品的颜色、气味、安定性，降低硫、氮的含量等。主要有酸碱精制和氧化法脱硫醇
溶剂精制		利用某些溶剂对油品的理想组分和非理想组分(或杂质)的溶解度不同，选择性地从油品中除掉某些不理想组分，从而改善油品的一些性质。例如，用二氧化硫或糠醛作为溶剂，降低柴油的芳香烃含量，改善柴油的燃烧性能，同时还能使含硫量等大为降低。由于溶剂的成本较高，且来源有限，溶剂回收和提纯的工艺较复杂，因而溶剂精制在燃料生产中应用不多
吸附精制	白土精制	利用一些固体吸附剂如白土等对极性化合物有很强的吸附作用，脱除油品的颜色、气味，除掉油品中的水分、悬浮杂质、胶质、沥青质等极性物质
	分子筛脱蜡精制	在炼油厂中应用的分子筛脱蜡过程也是一种吸附精制过程，由于分子筛在高温下长期与烃类接触，其表面会逐渐积炭而使活性下降，所以需定期采用水蒸气-空气混合烧焦，以恢复其活性，供循环使用
加氢精制		在高压氢气和催化剂存在的条件下，原料中的烯烃和二烯烃等不饱和烃被饱和，含氧、氮等非烃化合物中的氧和氮亦能变成水和氨从油中脱除。同时烃基仍保留在油品中，因而产品质量得到很大的改善，而精制产品的产率在各种精制方法中也最高。目前加氢精制已逐渐代替其他精制过程成为重要的燃料精制过程
柴油脱蜡		用冷冻的方法，使柴油中含有的蜡结晶出来，所得的油为低凝点的柴油，含油的蜡经脱油后可制成商品石蜡

油品调和包含两层含义。

① 不同来源的油品按一定的比例混合，如催化裂化汽油和重整汽油调和成高辛烷值汽油，常减压柴油和催化裂化柴油调和成高十六烷值柴油。

② 在油品中加入少量称为“添加剂”的物质，使油品的性质得到较明显的改善，如加入抗氧化剂改善燃料油的抗氧化性能。

单元一　酸碱精制

酸碱精制是利用酸和碱对燃料油中的一些化合物溶解与反应，如硫化物、氮化物以及有机酸、酚、胶质、烯烃、二烯烃等，将这些有害物质不同程度地从燃料油中除去，以提高油品质量。酸碱精制是最早出现的一种精制方法，工艺简单，设备投资和操作费用较低，但存在酸碱废渣不易处理和严重污染环境、精制损失大、产品收率低的缺陷。在我国炼油厂中采用的电化学精制就是酸碱精制方法的改进，是将酸碱精制与高压电场加速沉降分离相结合的方法。

一、酸碱精制的原理

1. 酸洗

酸洗所用的酸为硫酸。在精制条件下浓硫酸对油品起着化学试剂、溶剂和催化剂的作用。浓硫酸可以与油品中的某些烃类、非烃类化合物进行化学反应，或者以催化剂的形式参与化学反应，而且对各种烃类和非烃类化合物均有不同的溶解能力。其中，非烃类化合物包括含氧化合物、碱性氯化物、含硫化合物、胶质等。

① 硫酸精制条件下，硫酸对各种烃类除可微量溶解外，对正构烷烃、环烷烃等主要组分基本上不起化学作用。

② 硫酸对异构烷烃、芳烃，尤其是烯烃则有不同程度的化学作用。在过量的硫酸和升高温度的情况下，异构烷烃和芳烃可与硫酸进行一定程度的磺化反应，反应生成物溶于酸渣而被除去。

③ 烯烃与硫酸可发生酯化反应和叠合反应，酯化反应生成的酸性酯大部分溶于酸渣而除去；生成的中性酯大部分溶于油中，采用再蒸馏的方法可除去。叠合反应在较高的温度及酸浓度下生成酸性酯。所生成的二分子或多分子叠合物大部分溶于油中，使油品终沸点升高，叠合物需用再蒸馏法除去。二烯烃的叠合反应能剧烈地进行，反应产物胶质溶于酸渣中。

④ 硫酸对非烃类可较多地溶解，并显著地起化学反应。胶质与硫酸有三种作用：一部分溶于硫酸中；一部分缩合成沥青质，沥青质与硫酸反应亦溶于酸中；一部分磺化后也溶于酸中。胶质都能进入酸渣而被除掉。

⑤ 环烷酸及酚类可部分溶解于浓硫酸中，也能与硫酸起磺化反应，磺化产物溶解于酸中，因而基本上能被酸除去。

⑥ 硫化物与硫酸可以发生相互作用，硫酸对大多数硫化物可通过化学反应及物理溶解作用而将其除去，但硫化氢在硫酸的作用下氧化成硫，仍旧溶解于油中。故在油品中含有相当数量的硫化氢时，需用预碱洗法先除去硫化氢。

⑦ 碱性氮化合物，如吡啶等，可以全部被硫酸除去。硫酸对于各类杂质的反应速率大致顺序如下：碱性氮化物＞沥青质、胶质＞烯烃＞芳烃＞环烷酸。

硫酸洗涤可以很好地除去胶质、碱性氮化物和大部分环烷酸、硫化物等非烃类化合物，以及烯烃和二烯烃。但同时，也除去了一部分良好的组分，例如异构烷烃和芳烃。

2. 碱洗

在碱洗过程中用10％～30％（质量分数）的 NaOH 水溶液与油品混合，碱液与油品中的烃类几乎不起作用，它只与酸性的非烃类化合物起反应，生成相应的盐类，这些盐类大部分溶于碱液而从油品中除去。因此，碱洗可以除去油品中的含氧化合物（如环烷酸、酚类等）和某些含硫化合物（如硫化氢、低分子硫醇等）以及中和酸洗之后的残余酸性产物（如磺酸、硫酸酯等）。

由于碱液的作用仅能除去硫化氢及大部分环烷酸、酚类和硫醇，所以碱洗过程有时不单独应用，而是与硫酸洗涤联合应用，统称为酸碱精制。在硫酸精制之前的碱洗称为预碱洗，酸主要是除去硫化氢。在硫酸精制之后的碱洗，其目的是除去酸洗后油品中残余的酸渣。

由于上述两类反应可以进行得相当完全，因此在实际生产过程中为了降低操作费用，采用稀碱浓度及常温作为碱洗条件。

3. 高压电场沉降分离

纯净的油是不导电的，但在酸碱精制过程中生成的酸渣和碱渣能够导电。在电场的作用下，一是促进反应，二是加速聚集和沉降分离。

酸和碱在油品中分散成适当直径的微粒，高电压（15000～25000V）的直流（或交流）电场加速了导电微粒在油品中的运动，强化了油品中的不饱和烃、硫化合物、氮化合物等与酸碱的反应，同时加速了反应产物颗粒间的相互碰撞，促进了酸渣、碱渣的聚集和沉降作用，从而达到快速分离的目的。

二、酸碱精制的工艺流程

酸碱精制的工艺流程一般有预碱洗—酸洗—水洗—碱洗—水洗等步骤。依需要精制的油品的种类、杂质的含量和精制产品的质量要求，决定每个步骤是否必须存在。例如酸洗前的预碱洗并非都需要，只有当原料中含有很多的硫化氢时才进行预碱洗。而酸洗之后的水洗则是为了除去一部分酸洗后未沉降完全的酸渣，减少后面碱洗时的用碱量。对直馏汽油和催化裂化汽油及柴油则通常只采用碱洗。图 9-1 为酸碱精制-电沉降分离过程的原理流程。

原料经原料泵首先与碱液（浓度一般为 4%～15%）在第一文氏管和混合柱中进行混合，反应混合物进入电分离器，电分离器通入高压交流电或直流电，碱渣在高压电场下进行凝聚、分离。一般电场梯度为 600～3000V/cm，碱渣自电分离器的底部排出。经碱洗后的油品自顶部流出，与硫酸在第二文氏管和混合柱中进行混合反应，然后进入酸洗电分离器，酸渣自电分离器底部排出。酸洗后油品自顶部排出，与碱液在第三文氏管和混合柱中进行混合、反应，然后进入碱洗电分离器，碱渣自电分离器底部排出。碱洗后油品自顶部排出，在第四文氏管和混合柱中与水混合，然后进入水洗沉降罐，水溶液及废水自罐底排出，顶部流出精制油品。

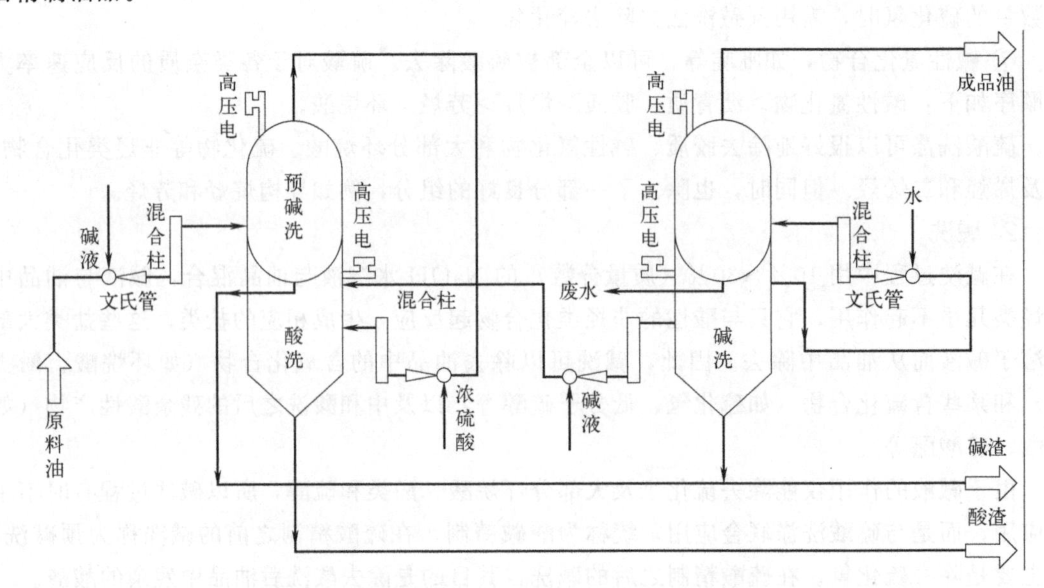

图 9-1 酸碱精制-电沉降分离过程的原理流程图

三、酸碱精制操作条件的选择

酸碱精制，特别是硫酸精制一方面能除去轻质油品中的有害物质，另一方面也会和油品中的有用组分反应，造成精制损失，甚至会影响油品的某些性质。因此，必须正确合理地选择精制条件，才能保证精制产品的质量，提高产品收率。影响精制效果的因素和操作条件如下。

1. 精制温度：常温（20~35℃）

较高的温度有利于去除芳烃、不饱和烃以及胶质，但叠合损失较大。较低的温度有利于脱除硫化物。

2. 硫酸浓度：93%~98%

酸渣损失和叠合损失随硫酸浓度增大而增大。精制含硫量较大的油品时，需在低温下使用浓硫酸（98%），并尽量缩短接触时间。

3. 硫酸用量：原料的1%

对于多硫的原料则应适当增大硫酸用量。

4. 接触时间：数秒到数分钟反应，十几分钟沉降

油品与酸渣接触时间过长，会使副反应增多，增大叠合损失，引起精制收率降低，也会使油品颜色和安定性变坏。接触时间过短，反应不完全，达不到精制的目的，同时也降低了硫酸的利用率。

5. 碱浓度和用量：10%~30%的碱液，原料质量的0.02%~0.2%

为了增加液体体积，提高混合程度和减少钠离子带出，一般采用低浓度碱液，碱渣可循环利用，一般低至55%才外排。

6. 电场梯度：1600~3000V/cm

电场梯度过低，起不到均匀及快速分离的作用，但电场梯度过高不利于酸渣的沉聚。

单元二　轻质油品脱硫醇

直馏产品精制的目的主要是脱除硫化物，而汽油、喷气燃料等轻质油品中所含的硫化物大部分为硫醇。

一、脱硫醇的方法

硫醇是一种氧化引发剂，它可使油品中的不安定组分氧化、叠合生成胶状物质。硫醇有腐蚀性，并能使元素硫的腐蚀性显著增加。硫醇影响油品对添加剂如抗爆剂、抗氧化剂、金属钝化剂等的感受性。此外，硫醇具有使人恶心的臭味。硫醇主要存在于轻质油品中，因此，液化气、汽油、煤油等轻质油品都需脱除硫醇后才能满足产品的质量要求。脱硫醇过程也常称为脱臭过程。

脱硫醇的方法一般有氧化法、抽提法、抽提-氧化法三种。

（1）氧化法　用空气中的氧或氧化剂直接氧化油料中的硫醇，生成二硫化物。其反应如下：

$$2RSH+\frac{1}{2}O_2 \longrightarrow RSSR+H_2O$$

由于生成的二硫化物仍然溶解于油料中，所以处理后的油的含硫量与处理前相同，不能改善油品对添加剂的感受性。

（2）抽提法　用氢氧化钠水溶液抽提油料中的硫醇。由于随着硫醇分子增大，其酸性减弱，用碱溶液抽提较为困难，因此在抽提过程中加入一些助溶剂或试剂以增加硫醇在碱液中的溶解能力。常用的助溶剂有甲醇、甲酚、脂肪酸或烷基酚等。用碱液抽提硫醇的反应是碱与硫醇反应生成硫醇钠：

$$RSH + NaOH \rightleftharpoons NaSR + H_2O$$

反应后的碱液用水蒸气汽提分解 NaSR 或用空气直接氧化 NaSR，生成二硫化物 RSSR，RSSR 不溶于碱，它与碱液分层后，碱液可循环使用。

（3）抽提-氧化法　抽提-氧化法是将抽提法和氧化法结合起来，将碱液抽提后仍残余在油品中的高级硫醇氧化成二硫化物。具有代表性的是催化氧化脱硫醇。

二、催化氧化脱硫醇法

（一）催化氧化脱硫醇的原理

催化氧化脱硫醇法是利用催化剂使油品中的硫醇在强碱液（NaOH）及空气存在的条件下氧化成二硫化物，最常用的催化剂是磺化酞菁钴和聚酞菁钴等金属酞菁化合物，其化学反应为：

$$2RSH+\frac{1}{2}O_2 \xrightarrow{\text{催化剂碘液}} RSSH+H_2O$$

催化氧化脱硫醇法可用于精制液化石油气（液态烃）、汽油、喷气燃料、柴油以及烷基化、叠合和石油化工生产的原料，也可以处理硫醇含量较高的催化裂化汽油、热裂化汽油和焦化汽油。

（二）催化氧化脱硫醇的工艺流程

催化氧化脱硫醇法的流程包括抽提部分和氧化脱臭部分。根据原料油的沸点范围和所含有的硫醇的分子量不同，可以单独使用一部分或将两部分结合起来。例如，精制液化石油气只用抽提部分，精制汽油馏分是将抽提部分和氧化脱臭部分结合起来，而精制煤油馏分只用氧化脱臭部分。

抽提部分可以用催化剂-氢氧化钠碱溶液与原料油进行液-液抽提，也可以将催化剂-碱溶液浸渍在活性炭固体颗粒上（含有1%的催化剂）以固定床方式处理原料油。

原料油中含有的硫化氢、酚类和环烷酸等会降低脱硫醇的效果，降低催化剂的寿命，所以在脱硫醇之前需用5%～10%的氢氧化钠溶液进行预碱洗，除去这些酸性杂质。催化氧化

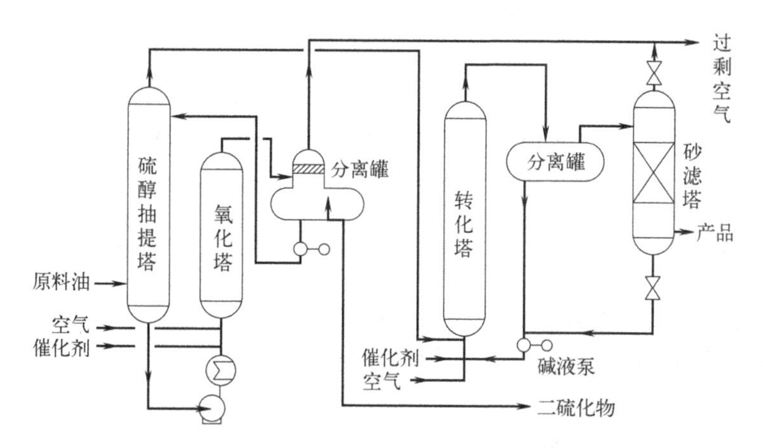

图 9-2　催化氧化脱硫醇工艺流程图

脱硫醇法的工艺流程如图 9-2 所示。

经过预碱洗的原料油送入抽提部分的硫醇抽提塔内与含有催化剂的氢氧化钠溶液逆流接触抽提硫醇，抽提后的原料油送入氧化脱臭部分。从抽提塔底部排出来的含硫醇的催化剂-碱溶液加热后，与空气一起进入氧化塔，把溶解的硫醇氧化成二硫化物，送入二硫化物分离罐，分离出过剩的空气和生成的二硫化物，二硫化物蓄积在上层排出系统外，下层是再生后的催化剂-碱溶液循环到抽提塔。进入氧化脱臭部分的油品再与空气及催化剂-碱溶液混合进入转化塔。油品中的硫醇首先进入水相，与空气反应生成二硫化物，二硫化物不溶于碱液而重新溶于油中。脱臭后的油在分离罐内分离出催化剂-碱溶液，在砂滤塔内除去油中少量的碱溶液，成为脱硫醇后的成品。沉降分离出的催化剂-碱溶液循环到转化塔内。

（三）催化氧化脱硫醇的操作条件

催化氧化脱硫醇法所使用的催化剂磺化酞菁钴的平均分子量为 730，钴含量为 8.1%，硫含量为 8.8%。催化剂在碱溶液中浓度一般为 10～125μg/g，催化剂寿命为每千克催化剂 8000～14000m^3 原料，氢氧化钠溶液的浓度为 4%～25%，常用浓度为 10%。

此法的反应全部在液相中进行，除抽提部分的再生段（氧化塔）在 40℃左右外，其余都在常温下操作，压力为 0.4～0.7MPa。

脱硫醇后的成品中每克成品硫醇含量可降低到几微克或十几微克，液化石油气的硫醇脱除率可达到 100%，汽油的硫醇脱除率也可达到 80%以上。

单元三　油品调和

精制后的产品一般还不能达到产品的所有质量要求，这就需要石油加工的最后一道工序——油品调和来完成。油品调和是指用几种同类中间组分以及若干添加剂按一定的比例混合均匀，从而生产出全面满足质量要求的石油产品的过程。大多数燃料和润滑油等石油产品都是由不同组分调和而成的调和品。

一、调和工艺

各种油品的调和，除个别添加剂外，大部分都是液-液互溶体系，可以用任何比例进行调和。调和油的性质与调和组分的性质和比例有关，与调和过程无关。

（一）调和步骤

① 根据成品油的质量要求，选择合适的调和组分；

② 在实验室调制小样，经检验小样质量合格；

③ 准备各种调和组分；

④ 按调和比例将各调和组分混合均匀；

⑤ 检验调和油的均匀程度及质量指标。

（二）调和方法

常用的调和方法有两种：油罐调和、管道调和。

1. 油罐调和

即在调和罐内进行的调和。常用的调和步骤是先用泵将各组分按需要比例（根据各组分的性能和对成品油的质量要求确定）从各储罐中抽出送入调和罐，经机械混合均匀后泵送至成品油罐储存。

对于调和比例变化大、批量较大的中、低黏度的油品，采用泵循环喷嘴油罐调和，即将各组分和添加剂用泵送入油罐内，不断用泵抽出部分油品，通过装在罐内的一个或多个喷嘴射流喷散，达到混合均匀的目的。此方法设备简单、操作方便、效率高。

对于批量不大的成品油的调和，特别是润滑油的调和，可以在装有搅拌器的油罐内，用机械搅拌的方式进行调和。

油罐调和可分为机械搅拌调和、泵循环调和以及压缩空气调和，但由于压缩空气调和易使油品氧化变质，会造成污染和挥发损失等，目前一般已不采用。

（1）机械搅拌调和　机械搅拌调和是利用搅拌器的转动，使需要混合的油品做近似圆周的循环流动及翻滚，达到混合均匀的目的，此法适用于小批量成品油的调和。

搅拌器的安装方式有两种。

① 罐壁伸入式：采用多个搅拌器时，应将搅拌器集中布置在罐壁的 1/4 圆周范围内。

② 罐顶进入式：可采用罐顶中央进入式，也可不在罐顶正中心。

（2）泵循环调和　采用泵循环调和的有基础油调和、添加剂调和及产品罐中成品油的调和。泵循环调和是把需要调和的各组分油送入罐内，利用泵不断地从罐体底部抽出油品，然后把油品打回流至罐内（一般在回流口增设喷嘴或喷射搅拌器，喷出的高速流体使物料能够更好地混合），如此循环一定的时间，使各组分调和均匀，达到预期的要求。选用调和泵时，扬程要考虑喷嘴需要的压头。这一方法适用于调和比例的变化范围大，批量大和中、低黏度的油品。

2. 管道调和

管道调和适用于大批量调和，它是将各调和组分和添加剂按规定比例同时送入管道混合器，进行均匀调和的方法。管道调和具有以下优点：

① 成品油随用随调，可取消调和油罐，减少基础油和成品油的非生产储存，减少油罐的数量和容积；

② 可提高一次调和合格率；

③ 减少中间取样分析、取消多次油泵转送和混合搅拌，节省能耗；

④ 全部过程密闭操作，减少油品蒸发、氧化，减少损耗；

⑤ 可实现自动化操作，既可在计算机控制下进行自动化调和，也可使用常规自控仪表，人工给定调和比例，实行手动调和操作；或用微机监测、监控的半自动调和系统。

二、调和比例的确定

油品为复杂混合物，大部分物性不具有加和性。如果调和油品的性质等于各组分的性质按比例的加和值，则称这种调和为线性调和，即具有加和性；不相等者称为非线性调和，即没有加和性。非线性调和后的数值高于线性估算值的调和效应称为正调和效应（正偏差），低于线性估算值的称为负调和效应（负偏差）。

具有质量加和性的油品的性质有硫含量、酸值、残炭、灰分等；具有体积加和性的油品的性质有馏程（初点和干点无加和性）、密度、酸度、实际胶质等。无加和性的质量指标有辛烷值、黏度、闪点、蒸气压、倾点、凝点、十六烷值等。

实际应用中，油品的调和仍采用经验和半经验的方法。一般做法是：

① 根据调和产品的质量要求及各调和组分的性质，采用经验或半经验计算式或经验图表，计算各组分的调和比例；

② 在实验室进行小样调和试验，得到调和油完全符合质量标准要求的最佳调和比例；

③ 生产调和。

在实际操作中应注意的有：

① 使调和油全面达到产品质量标准的要求，并保持产品质量的稳定性；

② 提高油品的一次调成率；

③ 充分合理利用各组分资源，控制“质量过剩”，提高产品收率和产量，以获得最佳经济效益。

三、调和机理

大部分液-液相互溶解的匀相调和，是以下三种扩散机理的综合作用。

（1）分子扩散　由分子的相对运动引起的物质传递，是在分子的尺度内进行的。

（2）涡流扩散（或湍流扩散）　当机械能传递给液体物料时，处于高速流体与低速流体分界面上的流体受到强烈的剪切作用，产生大量旋涡，造成对流扩散，是在局部范围内的旋涡尺度空间内进行的。

（3）主体对流扩散　一切不属于分子运动或涡流运动的大范围全部液体循环流动的物质传递是在大尺度空间内进行的。

四、汽油的调和工艺

（一）汽油调和组分

汽油按照不同来源可分为直馏汽油、催化裂化汽油、热裂化汽油、重整汽油、焦化汽油、烷基化汽油、异构化汽油、芳构化汽油、醚化汽油和叠合汽油等。目前石化炼厂出厂的商品汽油主要的调和组分有：催化裂化汽油、重整汽油、烷基化汽油、异构化汽油及甲基叔丁基醚等。

（1）直馏汽油　直馏汽油特别是石蜡基原油的直馏汽油的辛烷值最低（RON 40～60）。

（2）催化裂化汽油　催化裂化汽油含有较多的芳香烃和烯烃，辛烷值一般较高；催化裂化汽油为商品汽油的主要组分，在汽油中达50%～70%以上，催化裂化汽油烯烃含量、硫含量达不到指标要求，辛烷值（RON 约 90，MON 约 79），需要加氢精制。

（3）重整汽油　重整汽油的芳烃含量很高，但辛烷值可达100左右，是一种较优质的汽油调和组分，重整汽油中的芳烃可弥补催化裂化汽油中芳烃含量低的不足，从而提高汽油的辛烷值，汽油标准对芳烃含量有限制，苯不大于1%。

（4）烷基化汽油　主要组分是高度分支的异构烷烃，其辛烷值非常高；烷基化组分是一种优良的汽油组分，是异构烷烃的混合物，辛烷值（RON 为 92.9～95，MON 为 91.5～93）。

（5）异构化汽油　异构化工艺也可制取汽油的调和组分。正构烷烃在异构化后，可提高汽油的辛烷值。例如正戊烷的研究法辛烷值为61.7，而异戊烷的研究法辛烷值则为92.3。

（6）甲基叔丁基醚（MTBE）　甲基叔丁基醚（MTBE）作为汽油调和组分，具有良好的实用性能和较好的化学稳定性，具有很高的辛烷值，其调和辛烷值高于其净辛烷值，一般最大加入量为15%。

（7）石脑油　石脑油又称粗汽油，是由原油蒸馏或石油二次加工切取相应馏分而得，密度在650～750kg/m^3，烷烃含量不超过60%，芳烃含量不超过12%，烯烃含量不超过1.0%。

（8）C_5 烃　C_5 烃主要指石油产品中含有五个碳原子的烃类混合物，因其密度小，辛烷值高，在汽油调和原料中性价比很高。其来源主要分为两类：裂解 C_5 烃和炼厂 C_5 烃。

裂解 C_5 烃主要是石脑油高温裂解制乙烯过程的副产物，安定性差，俗称粗 C_5。粗 C_5 可通过脱除烯烃组分提高其安定性，得到的调油 C_5 组分俗称精 C_5。

炼厂 C_5 烃来源有催化裂化 C_5 和重整戊烷油。催化裂化 C_5 中含有45%～65%的烯烃，重整戊烷油为正戊烷和异戊烷，研究法辛烷值一般在65～70之间。

（9）轻烃　指以 C_4～C_8 为主的液体烃类混合物，又称轻油。主要来自石油炼厂的塔顶油、重整抽余油和油气田开采中的凝析油。轻烃密度在0.67～0.69g/cm^3 左右，辛烷值能达到70以上。

（10）抽余油　泛指工业上采用溶剂萃取方法得到的剩余物料，其主要成分为 C_6～C_8 的烷烃及一定量的环烷烃。

（11）凝析油　从凝析气田或者油田伴生天然气凝析出来的液相组分，又称天然汽油。其主要成分是 C_3～C_8 烷烃类混合物，并含有少量的硫化物杂质，密度小于0.78g/cm^3，馏分多在20～200℃之间，挥发性好，作为调和原料时一般除去其中的C_3、C_4组分。

（12）芳构化汽油　芳构化是以液化气、裂解C_5等轻烃为原料生产混合芳烃的生产工艺，所得的芳构化汽油密度在0.72～0.74g/cm^3，辛烷值在89～95，硫含量一般都在100μg/g以下，是汽油调和中常用的原料。

芳烃是含苯环结构的碳氢化合物的总称，在汽油调和原料中主要指煤加工或石油加工得到的以芳烃为主的烃类混合物，其来源主要为裂解芳烃和重整芳烃。

裂解芳烃主要来自焦炉煤气及煤焦油和裂解汽油，裂解芳烃由于其含硫量高、烯烃含量高，味道刺鼻且易变色生胶，直接使用致汽油安定性差，胶质含量高，因此在汽油调和中一般使用加氢精制后的裂解芳烃。

重整芳烃是催化重整的重要产品之一，主要为含C_5～C_{10}的芳烃混合物，根据需要可抽提出苯、甲苯、二甲苯、C_9和C_{10}等。

（二）汽油的调和

随着国民经济的发展和环保要求的日趋严格，国内车用汽油的质量指标越来越苛刻，对汽油中硫含量、苯含量、芳烃含量和烯烃含量做出了更严格的要求。

汽油是复杂混合物，某些理化性质不具加和性。如果调和后性质等于各组分性质按比例的加和值，则为线性调和，即具有可加性；如果调和后的性质与各组分性质按比例的加和值不相等，则为非线性调和。

从催化裂化装置来的催化裂化汽油直输至油库催化裂化汽油专用罐，在进罐前的管线中取样分析管道样，分析辛烷值、馏程、蒸气压、硫含量、硫醇硫含量、酸度、铜片腐蚀、机械杂质、水分、苯含量、芳烃含量、烯烃含量、实际胶质、诱导期等指标，为后面的添加剂及辅助调和组分调和比例计算提供数据依据。油库的催化裂化汽油专用罐是边进边出，进入调和主线。同样，催化重整汽油也是直输至油库重整汽油专用罐，取样分析，边进边出，进入调和主线。催化裂化汽油、催化重整汽油、添加剂及辅助调和组分同时泵送至调和主线，调和主线内设有一组或多组静态混合器，以达到均匀混合的目的。调和主线末端进入炼厂汽油的成品罐，进满后切水、分析取样，合格后出厂。车用汽油（Ⅵ）质量指标和试验方法见表9-2。

油品调和是影响炼厂效益最直接的人为因素，员工的岗位责任心和职业道德培养日趋重要。此外，也必须建立严格的岗位工作制度来规范和约束员工工作行为，以确保油品调和工艺的正常运行：

① 油品调和必须严格按照调和工艺卡片进行，必须填写油品调和记录，调和记录包括罐底油质量、油位高度、比例和组分油量、罐号、组分（半成品）质量记录、各组分进入时间及进入量、添加剂名称及加入量；

② 参加调和的各组分都应符合组分（半成品）质量要求，预先依据各组分的性质计算出调和比例，或由小样试验得出调和比例，按此比例严格控制各组分的调和量，调和过程中检尺方法应正确无误，确定好调油先后次序，要以先重后轻的顺序进行，油品的收入量以调和罐计量为准；

③ 加入油品中的添加剂品种、质量标准和比例应经试验鉴定，按要求补加入添加剂后，要及时搅拌，以免添加剂在罐内沉降分层，添加剂计量应准确；

④ 管道调和的静态混合、罐式调和的泵循环或机械搅拌混合，都应达到混合均匀的目的，各组分互相扩散 2h 后，再通知化验室取样分析；

⑤ 如组分油腐蚀指标不合格或因各种原因污染，造成油颜色变深不能调入成品时，必须经过化验分析、小样鉴定才能设计调和方案，调和量越小越好，留出指标恶化的空间；

⑥ 调和后应及时脱水，调和产品经化验分析合格后（有化验合格证）方可出厂。

表 9-2　车用汽油（Ⅵ）质量指标和试验方法

项目		质量指标			试验方法
		89 号	92 号	95 号	
抗爆性					
研究法辛烷值(RON)	不小于	89	92	95	GB/T 5487
抗爆指数(RON+MON)/2	不小于	84	87	90	GB/T 503、GB/T 5487
铅含量[①]/(g/L)	不大于	0.005			GB/T 8020
馏程					GB/T 6536
10%馏出温度/℃	不高于	70			
50%馏出温度/℃	不高于	110			
90%馏出温度/℃	不高于	190			
终馏点/℃	不高于	205			
残留量(体积分数)/%	不大于	2			
蒸气压[②]/kPa					GB/T 8017
11 月 1 日～4 月 30 日		45～85			
5 月 1 日～10 月 31 日		40～65[③]			
胶质含量/(mg/100mL)					GB/T 8019
未洗胶质含量(加入清净剂前)	不大于	30			
溶剂洗胶质含量	不大于	5			
诱导期/min	不小于	480			GB/T 8018
硫含量[④]/(mg/kg)	不大于	10			SH/T 0689
硫醇(博士试验法)		通过			NB/SH/T 0174
铜片腐蚀(50℃,3h)/级	不大于	1			GB/T 5096
水溶性酸或碱		无			GB/T 259
机械杂质及水分		无			目测[⑤]
苯含量[⑥](体积分数)/%	不大于	0.8			SH/T 0713
芳烃含量[⑦](体积分数)/%	不大于	35			GB/T 30519
烯烃含量[⑦](体积分数)/%	不大于	18			GB/T 30519
氧含量[⑧]/(质量分数)/%	不大于	2.7			NB/SH/T 0663
甲醇含量(质量分数)/%	不大于	0.3			NB/SH/T 0663
锰含量[①]/(g/L)	不大于	0.002			SH/T 0711
铁含量[①]/(g/L)	不大于	0.01			SH/T 0712
密度(20℃)[⑨]/(kg/m³)		720～775			GB/T 1884、GB/T 1885

① 车用汽油中，不得人为加入甲醇以及含铅、含铁和含锰的添加剂。

② 也可采用 SH/T 0794 进行测定，在有异议时，以 GB/T 8017 方法为准。换季时，加油站允许有 15 天的置换期。

③ 广东、海南全年执行此项要求。

④ 也可采用 GB/T 11140、NB/SH/T 0253、ASTM D7039 进行测定，在有异议时，以 SH/T 0689 方法为准。

⑤ 将试样注入 100mL 玻璃量筒中观察，应当透明，没有悬浮和沉降的机械杂质和水分。在有异议时，以 GB/T 511 和 GB/T 260 方法为准。

⑥ 也可采用 GB/T 28768、GB/T 30519 和 SH/T 0693 进行测定，在有异议时，以 SH/T 0713 方法为准。

⑦ 也可采用 GB/T 11132、GB/T 28768 进行测定，在有异议时，以 GB/T 30519 方法为准。

⑧ 也可采用 SH/T 0720 进行测定，在有异议时，以 NB/SH/T 0663 方法为准。

⑨ 也可采用 SH/T 0604 进行测定，在有异议时，以 GB/T 1884、GB/T 1885 方法为准。

读一读　汽油精制中的技术难点

我国原油对外依存度超过 70%，且大部分是中东地区的含硫和高硫原油。原油中的重油通常占比 40%～60%，这部分重油（以硫为代表的杂质含量也高）难以直接利用。为了有效利用重油资源，我国大力发展了以催化裂化为核心的重油轻质化工艺技术，将重油转化为汽油、柴油和低碳烯烃，超过 70%的汽油是由催化裂化生产得到的，因此成品汽油中 95%以上的硫和烯烃来自催化裂化汽油。故必须对催化裂化汽油进行精制处理，以满足对汽油质量的要求。

辛烷值（以 RON 表示）是反映汽油燃烧性能的最重要指标，并作为汽油的商品牌号（例如 89 号、92 号、95 号）。现有技术在对催化裂化汽油进行脱硫和降烯烃过程中，普遍降低了汽油辛烷值。辛烷值每降低 1 个单位，相当于损失约 150 元/吨。以一个 100 万吨/年催化裂化汽油精制装置为例，若能降低 RON 损失 0.3 个单位，其经济效益将达到四千五百万元。汽油精制过程中有效降低辛烷值损失已成为燃料油精制技术发展亟待解决的问题。

自测习题

一、选择题

1. 直馏产品精制的目的主要是（　　）。

A. 脱除硫化物　　B. 脱盐脱水　　C. 脱除氮化物　　D. 脱除氧化物

2. 汽油、喷气燃料等轻质油品中所含的硫化物大部分为（　　）。

A. 硫醇　　B. 硫醚　　C. 硫化氢　　D. 噻吩

3. 碱液抽提硫醇的反应是碱与硫醇反应生成（　　）。

A. 硫醇钠　　B. 硫醚　　C. 氢氧化钠　　D. 噻吩

4. 硫酸对于各类杂质的反应速率最快的是（　　）。

A. 碱性氮化物　　B. 沥青质、胶质　　C. 烯烃　　D. 芳烃

5. 以下不属于酸碱精制除去的杂质的是（　　）。

A. 硫化物　　B. 氮化物　　C. 芳烃　　D. 有机酸

二、填空题

1. 在我国炼油厂中采用的电化学精制就是将________和________加速沉降分离相结合的方法。

2. 酸洗所用的酸为________，在精制条件下浓硫酸对油品起着________、________和________的作用。

3. 抽提-氧化法是将________和________结合起来，将碱液抽提后仍残余在油品中的高级硫醇氧化成________。

4. 常用的调和方法有两种：________、________。

5. 脱硫醇的方法一般有________、________、________三种。

三、判断题

1. 硫醇主要存在于重质油品中。（　　）

2. 催化氧化脱硫醇法最常用的催化剂是分子筛催化剂。（　　）

3. 调和油品时不需要在实验室调制小样。（　　）

4. 车用汽油的硫含量偏高，应加大催化裂化汽油的调和比例。 （ ）

5. 车用汽油的诱导期偏短，应加大催化裂化汽油的调和比例。 （ ）

四、简答题

1. 何谓油品精制？常用的精制方法有哪些？
2. 催化氧化脱硫醇法原理是什么？
3. 简述加氢精制的目的和化学反应原理。
4. 加氢精制与酸碱精制相比有哪些特点?加氢精制有何优越性?
5. 简述燃料油品的调和方法。

参考文献

[1] 林世雄. 石油炼制工程. 3 版. 北京：石油工业出版社，2000.

[2] 陈长生. 石油加工生产技术. 北京：高等教育出版社，2007.

[3] 郑哲奎，廖有贵. 石油加工生产技术. 2 版. 北京：化学工业出版社，2023.

[4] 沈本贤. 石油炼制工艺学. 2 版. 北京：中国石化出版社，2016.

[5] 付梅莉，等. 石油加工生产技术. 北京：石油工业出版社，2009.

[6] 寿德清，山红红. 石油加工概论. 东营：中国石油大学出版社，1991.

[7] 李淑培. 石油加工工艺学. 北京：中国石化出版社，1991.

[8] 徐春明，杨朝合. 石油炼制工程. 4 版. 北京：石油工业出版社，2009.

[9] 刘淑蕃. 石油非烃化学. 北京：石油大学出版社，2007.

[10] 王宝仁. 油品分析. 北京：高等教育出版社，2007.

[11] 王兵. 常减压蒸馏装置操作指南. 北京：中国石化出版社，2006.

[12] 梁朝林，沈本贤. 延迟焦化. 北京：中国石化出版社，2007.

[13] 徐承恩. 催化重整工艺与工程. 北京：中国石化出版社，2006.

[14] 李成栋. 催化重整装置技术问答. 北京：中国石化出版社，2004.

[15] 陆士庆. 炼油工艺学. 北京：中国石化出版社. 2004.

[16] 李鹏，任晔，陈学峰，等. 中国石化催化裂化装置运行状况分析. 石油炼制与化工，2022，53：53-59.

[17] 周晓龙. 焦化液化气脱硫醇工艺及装置升级方案研究. 精细石油化工，2019，36 (6)：72-75.

[18] 邱峰. 我国柴油加氢技术的现状和未来发展方向. 化工管理，2019，6：5-6.

[19] 王鑫. 石油化工常减压工艺技术措施探讨. 当代化工研究，2020，18：150-151.

[20] 易天立，刘宗俨. 汽油高辛烷值组分合成工艺及催化剂研究进展. 精细石油化工进展，2020，21：42-45.